"安徽省人工智能教材建设重点研究基地"资助教材

智能作物生产机器人技术

张　华　陈　丰　主编

郑加强　主审

中国农业大学出版社
·北京·

内 容 简 介

本书旨在介绍智能作物生产机器人的有关技术原理及其在现代农业中的应用等,以帮助学生更好地理解和掌握农业机器人技术。本书内容涉及设施农业农艺技术及应用、椭球形果蔬的生物力学特征、设施农业机器人底盘、设施农业机器人刚柔机械臂、设施农业机器人末端执行器以及设施农业机器人应用场景等内容。本书将从设施农业、智能作物生产机器人的角度出发,将农艺、农情、农机相结合,将机器学习、计算机视觉等先进热门的技术应用于智能农业领域,促进该领域发展。本书服务于农业智能装备工程、机械设计制造及其自动化、机械电子工程、机器人工程等相关专业本科生的教学与学习,同时也可作为研究生和从事智能作物生产机器人研究及相关科研人员的参考书。

图书在版编目(CIP)数据

智能作物生产机器人技术 / 张华,陈丰主编 . --北京:中国农业大学出版社,2024.7.
ISBN 978-7-5655-3242-9

Ⅰ. TP242.3

中国国家版本馆 CIP 数据核字第 2024LF0794 号

书　　名	智能作物生产机器人技术		
	Zhineng Zuowu Shengchan Jiqiren Jishu		
作　　者	张　华　陈　丰　主编　郑加强　主审		

策划编辑	张秀环　魏　巍	责任编辑	魏　巍　李　想
封面设计	李尘工作室		
出版发行	中国农业大学出版社		
社　　址	北京市海淀区圆明园西路 2 号	邮政编码	100193
电　　话	发行部 010-62733489,1190	读者服务部	010-62732336
	编辑部 010-62732617,2618	出 版 部	010-62733440
网　　址	http://www.caupress.cn	E-mail	cbsszs@cau.edu.cn
经　　销	新华书店		
印　　刷	北京溢漾印刷有限公司		
版　　次	2024 年 8 月第 1 版　　2024 年 8 月第 1 次印刷		
规　　格	185 mm×260 mm　　16 开本　　9.75 印张　　233 千字		
定　　价	32.00 元		

图书如有质量问题本社发行部负责调换

编审人员

主　编　张　华(安徽科技学院)

陈　丰(安徽科技学院)

副主编　曹　波(安徽科技学院)

宛传平(安徽科技学院)

参　编　(按拼音顺序排列)

陈　锋(合肥中科深谷科技发展有限公司)

刘春景(蚌埠学院)

舒英杰(安徽科技学院)

许良元(安徽农业大学)

曾其良(安徽科技学院)

主　审　郑加强(南京林业大学)

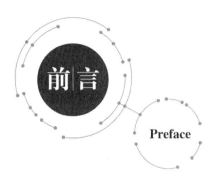

前言

Preface

　　随着人工智能理论和技术的整体推进以及应用领域的不断扩大,人工智能正在更大范围和更深层次地对经济社会发展和区域竞争力产生深刻影响。在移动互联网、大数据、超级计算、传感网、脑科学等新理论、新技术以及经济社会发展强烈需求的共同驱动下,人工智能发展迅速,呈现出深度学习、跨界融合、人机协同、群智开放、自主操控等新特征,人工智能作为新一轮产业变革的核心驱动力,正在深刻改变人类生产生活方式,推动经济结构调整和社会生产力进步。因此,大力发展人工智能产业,推广其在智能农业机械装备领域的应用,培养该领域的人才,是培育我国经济增长新动能、构筑产业竞争新优势的迫切需要,也是推动创新驱动发展、产业转型升级和社会变革进步的重要途径。

　　党的二十大报告明确提出,全面建设社会主义现代化国家,最艰巨最繁重的任务仍然在农村。加快建设农业强国,扎实推动乡村产业、人才、文化、生态、组织振兴。树立大食物观,发展设施农业,构建多元化食物供给体系。

　　智能作物生产机器人作为设施农业领域的一种创新技术,结合了机器人技术和农业技术,为农业从业者提供了新的生产工具和解决方案。本书旨在介绍农业机器人在现代农业中的应用、有关技术原理等,以帮助读者更好地理解和掌握农业机器人技术。农业机器人可以在农田中执行各种任务,如种植、施肥、喷洒农药、采摘等,不仅提高了工作效率和生产质量,还减轻了人工劳动的压力,促进了农业的可持续发展。本书从基础和实践两个层面引导读者学习智能作物生产机器人技术,为读者提供良好的阅读体验。第一章主要介绍设施农业的作用、历史、现状及应用场景等。第二章介绍椭球形果蔬的生物力学特征,包括对苹果、番茄、猕猴桃等水果进行生物力学实验的过程与结果。第三章主要介绍设施农业机器人常见底盘结构,包括底盘的运动与控制、底盘移动时的环境感知、SLAM 系统、定位与自主导航等相关内容。第四章重点介绍设施农业机器人的刚柔机械臂。第五章主要介绍设施农业机器人末端执行器。第六章介绍设施农业机器人的应用场景,包括场景搭建、传感器应用、环境调节装置、控制系统等内容。

　　本书的参考学时是 32～48 学时,可供高等院校智能装备工程、机械设计制造及其自动化、机械电子工程、机器人工程等相关专业本科生的教学工作使用,也适合从事相关工作的人员进行阅读。通过本书的学习,读者将了解到农业机器人技术的最新发展,掌握相关的知识和技能,为农业生产提供更多可能性。

本书的第一章由曾其良、许良元编写,第二章由陈丰、舒英杰编写,第三章由曹波编写,第四章由张华编写,第五章由陈锋、宛传平编写,第六章由刘春景编写。郑加强负责全书的审稿工作。李娜、朱婷倩、苏祥祥、吴镛、张运来、童以、刘苏杭、钟金鹏、吴凡等为本书的编写进行了素材整理,在此表示感谢。

本书受“安徽省人工智能教材建设重点研究基地”资助(开放课题项目号:2023YB005)。

最后,希望本书能为您在农业机器人领域的学习和实践提供有益的指导,并为推动农业现代化和可持续发展作出贡献。

祝您阅读愉快!

编　者
2023 年 11 月

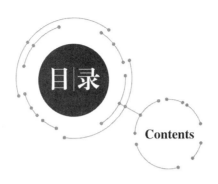

目 录

Contents

第一章 设施农业农艺技术及应用

第一节 设施农业的概念和作用

一、设施农业的概念

设施农业是指在相对可控的环境条件下,采用工业化生产与管理实现高效可持续发展的现代农业生产方式。它融合现代生物技术、农业工程、环境控制、管理、信息技术等,以现代化农业设施为依托,具有标准化的技术规范,集约化、规模化的生产经营管理方式,具有科技含量高、产品附加值高、土地产出率高和劳动生产率高的特点。设施农业是面对多变的自然气候条件,为作物的生命活动创造一个优化的生长、发育、贮存环境,既要兼顾生产率高、品质好、低成本、高效益、环境良好等可持续发展的目标,还须顾及产品的市场需求,迎接市场竞争的压力。

设施农业利用新型生产设备、现代农业工程技术、管理技术调控温室、塑料大棚等调节设施内的蔬菜、果树、花卉等植物生长所需的温、光、水、土、气、肥等参数,对植物的生长发育环境进行整体或局部范围的改善,使植物生长不受或很少受自然条件制约,在有限的土地上投入较少的劳动力,建立植物周年连续生产系统。设施农业是实现植物高效优质生产的一种现代农业生产方式,属于生产可反时令性、生产类型可多样化的高投入、高产出、高效益产业。

二、设施农业的作用

一方面,设施农业使人类社会的物质文明生活更加丰富多彩,增强了人类克服自然灾害、适应自然环境变化的能力。设施农业为作物生长发育提供适宜的环境条件,同时采用现代科学技术持续大幅度提高单位面积的产量和产品质量,在北方寒冷地区可实现作物周年生产和周年供应上市。设施农业不同于传统农业的生产模式,是农业现代化发展的必然趋势,主要优势集中在其生产具有较高的集约化,其技术含量较高,且产品质量高、种植效益明显优于传统种植,具有高产高效以及节能节水的特点,能够有效提高农业综合生产力。部分农业设施还能够防治农业病虫害,有效降低农业病虫害威胁以及不利影响,从而减少使用农药的次数,建立无公害农业。农业的设施化建设过程其实也是农业的标准化建设过程,在现代化农业生产的各个环节中能够使用多种先进手段,在培育、施肥以及耕作上采用集约化、程式化、标准化生产经营模式,达到精准用肥、减少污染的效果。设施农业能够对环境进行有效的调控,有效提高农产品质量以及产量,有效保证其供应的连续性以及产品的鲜活性。设施农业不但对于农业发展的效率有所促进,同时能够不断提高食物的安全性,对民生改善和社会和谐发展有促进作用。

另一方面,设施农业使人类社会的精神文明生活更加丰富多彩,设施农业科技的发展与产业化使人类从繁重的传统农业劳动中解放出来,各种智能装备的应用使人们的劳动环境、劳动条件、劳动趣味性有了极大的改进。党的二十大报告指出,教育、科技、人才是全面建设社会主义现代化国家的基础性、战略性支撑,必须坚持科技是第一生产力、人才是第一资源、创新是第一动力,深入实施科教兴国战略、人才强国战略、创新驱动发展战略,开辟发展新领域、新赛道,不断塑造发展新动能新优势。设施农业的发展是建立在农业设施基础之上的,设施农业能够使土地生产效率大大提高,有效提高土地产出率、资源利用率以及劳动生产率,从而增加农业的效益、质量以及竞争力,这是新时代对于新型农村经济的要求,是农村发展的必然趋势,是立足市场、应对激烈竞争的选择,保障农产品供给以及农业的发展,同时设施农业是农民创收的重要手段,是对农业综合生产力增强的有效途径。各种设施农业机械与装备能够大幅度减少劳动者人数,能够解放出更多的劳动力,从事其他劳动,从而全面提高全社会的生活质量。

第二节　设施农业的历史、现状及前景

一、世界设施农业发展历史及现状

早在十五六世纪,荷兰、法国和日本就开始建造简易温室栽培反季蔬菜或水果。17 世纪,有国家开始采用火炉和热气加热玻璃温室。19 世纪,在英格兰、荷兰、法国出现双面玻璃温室,这个时期温室主要栽培黄瓜、草莓和葡萄等。19 世纪后期,温室栽培技术从欧洲传入美洲及其他地区。1860 年,美国建立世界上第一个温室试验站,到 20 世纪初,美国已有 1 000 多个温室用于各季蔬菜栽培。20 世纪 50 年代,美国、加拿大的温室生产达到高峰,荷兰、德国的温室工业化生产兴起;60 年代,美国成功研制的无土栽培技术使温室栽培产生一次大变革;80 年代,全世界温室面积达 20 万 hm²,90 年代达到 45 万 hm²。目前全世界温室面积已超过 300 万 hm²。

18 世纪已有国家开始果树的设施栽培,但快速发展期还是近三四十年。20 世纪 80 年代以来,果树设施栽培发展迅速。目前世界各国设施栽培的果树以葡萄最多,其次有桃、樱桃、李、杏和无花果等。设施栽培果树可以实现高度集约化管理,人为控制果树生育所需的生态条件,防止自然灾害及病虫害,其产量比露地栽培高 2～4 倍,经济效益可提高 3～4 倍。

自 20 世纪 70 年代以来,发达国家在设施农业上的投入和补贴较多,设施农业发展迅速。设施农业比较发达的国家主要有荷兰、以色列、美国和日本。另外,法国、西班牙、澳大利亚、英国和韩国等国家的设施农业也都达到了比较高的水平。这些国家,其设施设

备标准化程度高,种苗技术及规范化栽培技术、植物保护及采后加工商品化技术、新型覆盖材料开发与应用技术、设施环境综合调控及农业机械化技术等具有较高的水平,居世界领先地位。同时这些国家还在向高层次、高科技以及自动化、智能化和网络化方向发展,实现了农产品周年生产、均衡上市。设施农业已发展成为由多学科技术综合支持的技术密集型产业,它以高投入、高产出、高效益以及可持续发展为特征,有的已成为其国民经济的重要支柱产业。

二、我国设施农业发展历史

我国是一个农业大国和人口大国,由于人均土地资源的匮乏,及人民对农产品的数量与质量的需求,必须坚定不移地走"设施强农"之路。20 世纪 70 年代初,我国设施农业面积仅为 0.7 万 hm^2,到 20 世纪 90 年代末达到 86.7 万 hm^2,绝对面积跃居世界第一。截至 2023 年,我国设施农业面积已超过 284 万 hm^2,占世界设施农业总面积的 80% 以上。从设施类型看,我国设施作物栽培面积最大的是塑料拱棚和单屋面温室,尤其是不加温的节能日光温室,是我国温室的主导类型。

(一)塑料拱棚

20 世纪 50 年代中期,从日本引进农用聚氯乙烯(PVC)薄膜,作为小拱棚覆盖材料,进行蔬菜春早熟栽培,效果良好。20 世纪 60 年代初,上海、北京先后生产出农用聚氯乙烯和聚乙烯薄膜,大大推动了我国设施农业的发展,广泛应用到设施作物的育苗和蔬菜冬春设施栽培上,形成了新兴的中小拱棚覆盖栽培体系。

塑料拱棚又称塑料棚温室、塑料大棚,如图 1-1 所示,是在塑料中、小拱棚基础上发展起来的以塑料薄膜为透光覆盖材料,以竹、木、水泥与钢筋混合柱(后发展为镀锌钢管支架和金属线材焊接支架)为骨架材料的不加温单跨拱屋面温室,于 20 世纪 60 年代在我国最早出现,80 年代以后大量推广。

图 1-1 塑料拱棚

1965 年,吉林省长春市郊区出现了中国第一栋塑料大棚,进行黄瓜春早熟栽培并获得成功,取得了较大的经济效益和社会效益。

1975 年、1976 年、1978 年在农林部主持下,先后在吉林省长春市、山西省太原市和甘肃省兰州市召开了第一、第二、第三次全国塑料大棚生产科研协作会议,对全国各地大棚的结构、性能以及栽培技术、生产科研成果进行交流讨论,促使塑料大棚从中国北方向南方发展、从平原向山区丘陵地区发展,逐渐普及全中国,出现了第一次发展高峰,总面积近 1.6 万 hm²。

1980 年,北京塑料研究所首先研制出低密度聚乙烯长寿农膜(LDPE)。同年,中国农业工程研究设计院设计出国产镀锌钢管组装式塑料大棚和温室骨架。

1984 年,中国国家标准局批准颁布实施了国家标准《农用塑料棚装配式钢管骨架》,促使塑料棚的建造面积及设施蔬菜生产有较快和较大的发展;1988 年以塑料棚为主要类型的中国设施园艺出现了第二次发展高峰。塑料棚总面积已达到 9.56 万 hm²,居世界前列。塑料大棚的发展,解决了我国蔬菜市场早春和晚秋的淡季缺菜问题。上世纪 90 年代后,遮阳避雨棚、各种类型单栋和连栋塑料大棚先后研制成功,进一步促进了设施农业的快速发展。1995 年,全国大中塑料拱棚仅有 18.7 万 hm²,2010 年发展到 150 多万 hm²,15 年间增加了近 8 倍。2014 年,农业部颁布《全国设施蔬菜重点发展区域规划(2015—2020)》,提升设施蔬菜生产区域化、规模化、标准化、集约化、机械化、产业化、信息化,积极推进现有设施升级换代和提质增产增效,促进设施蔬菜产业稳定发展。

(二)日光温室(单屋面温室)

日光温室是最节能的一种温室,故又名暖棚,以温室两侧及后墙为基础和保温层,基础又分为干打垒土基础、砖混基础、钢构彩钢板基础与钢构草帘基础,如图 1-2 所示。

图 1-2 日光温室(单屋面温室)

我国北方冬季主要依靠单屋面加温温室生产蔬菜,但 20 世纪 80 年代以来因为煤炭资源紧张,价格上涨,严重影响了加温温室的大面积推广。为了寻求具有中国特色的温室蔬菜生产发展道路,广大科技工作者和蔬菜生产者多方探索,不懈努力,创造出具有中国特色的节能型日光温室。该温室发挥了单屋面温室充分采光与严密防寒保温的特性,冬季不加温也能生产新鲜蔬菜。

随后创建的日光温室可在北纬 40°~41°的高寒地区、严冬不加温的条件下生产黄瓜、番茄等喜温果蔬,是我国温室蔬菜栽培史上的重大突破,令世人瞩目。日光温室就其完善程度,与国外的现代化温室无法相比,但其造价低廉,是国外温室相同面积造价的 1/10 甚至 1/50,经济效益与社会效益非常显著,因此发展迅速,从根本上解决了我国北方冬季新鲜蔬菜供应短缺的难题。

(三)连栋(连接屋面)温室

连栋温室其实就是把单独的温室,用合理的设计,将原有的独立的温室连接成一个整体,故名连栋温室。

中国第一座连栋温室于 1977 年在北京市原玉渊潭公社建成。虽然起步较晚,但它是我国自行设计建造的钢构架、钢化玻璃覆盖的连栋温室,主要用于全年栽培黄瓜、番茄等果蔬。

1979—1987 年,北京、哈尔滨、大庆、上海、深圳、乌鲁木齐、广州等地,先后从东欧、美国、日本等地引进屋脊形和拱圆形玻璃或塑料板材连栋温室,总面积约 20 hm²。这些大型连栋温室用于蔬菜生产的面积超 50%,花卉约占 40%。由于大型连栋温室冬季要靠加温才能生产,故能源成本很高,运行几年之后,多数难以为继,加上忽视配套设备及品种的同步引进,栽培技术又跟不上,只好停产。

"九五"期间再次出现大型连栋温室引进高潮,1996—2000 年,我国先后从法国、荷兰、西班牙、以色列、韩国、美国、日本等地引进连栋温室,面积达 175.4 hm²。引进的类型有连栋玻璃温室、连栋双层塑料薄膜充气温室、连栋聚碳酸酯(PC)板温室,并引进了与之相配套的外遮阳、内覆盖、水帘降温、滚动苗床、行走式喷水车、行走式采摘车、计算机管理系统、水培系统等。北京、上海等地的设施园区在从荷兰、以色列、加拿大引进温室硬件的同时,还引进了配套品种和计算机管理"专家系统",并且有国外专家进行较长期的现场指导,取得了良好效果,使国人有机会学习和了解当时发达国家的设施设备与管理技术。从 2016 年开始,我国开启了新一轮规模化连栋玻璃温室引进热潮,北京市设施蔬菜和智能温室、蔬菜创新团队成员先后实地走访了北京、上海、山东、甘肃、四川、内蒙古等地的连栋玻璃温室种植户,并通过电话、邮件等方式对中国农业机械化协会设施农业分会、上海温室制造业协会等协会组织,以及温室建造企业、温室资材供应企业、专家学者等进行了调研,统计分析了 2016 年以来国内已建和在建的规模化连栋玻璃温室建设基本情况,其中已建和在建的规模化连栋玻璃温室建设面积分别为 772.6 hm² 和 649.4 hm²。

三、我国设施农业发展现状

现阶段我国设施农业具有以下几个特征:

(1)分散不集中。目前我国设施农业的主要特点有分布范围较广、分布集中度不高等,同时在城镇及乡村等区域,农产品的流通常会受当地基础设施、环境资源、资金流动、市场因素、科学技术、经济水平及人文组织等因素的阻碍。

(2)机械化程度有待提高。现阶段我国设施农业的总体机械化水平仅为 31%。其中,设施环境控制的机械化水平约为 24%;耕整地机械化水平较高,约为 71%;采运机械化水平最低,约为 8%;水肥灌溉机械化水平约为 55%;栽种机械化水平约为 15%(张金子,2022)。从这些数据来看,我国设施农业总体机械化水平不高,不同环节机械化发展水平存在不匹配的现象,在这些因素的影响下,我国设施农业整体机械化水平的提升还存在一定困难,特别是栽种环节及采运环节,技术及装备均与发达国家存在差距,这也是提升我国设施装备水平亟须解决的一个关键问题。

（3）精准化生产管理技术尚不完善。目前,设施农业生产仍以传统栽培管理技术为主,缺乏在设施环境下针对不同作物、不同生长阶段的精准水肥管理和病虫害防治等配套技术,加之生产人员缺乏必要的生产管理经验,现有专业技术人员大多只能提供常规生产技术指导,设施农业技术力量不足,推广缓慢,设施农业栽培管理技术规范性、针对性、精准性还有待进一步完善。

（4）产业化发展程度不高,设施农业产品效益不稳定。部分地区设施农业发展尚未形成育种、育苗、生产、交易和流通等环节科学分工、高效联动的产业链,设施栽培种植品种和结构较为单一、配套生产技术相对落后,农民生产盲目性较大、设施农业产品投入产出比较低、质量不稳定。同时,设施农业品牌建设滞后,销售渠道窄,未能形成良性产销格局,导致产品价格波动较大。这些都造成了许多设施农业发展无法达到预期目标。

四、我国设施农业发展趋势

在国民经济发展的总趋势下,人民生活要实现从温饱向小康和富裕型过渡,人们对肉蛋奶、水产品以及蔬菜水果等农副产品的需求量会越来越大,而人均土地资源将会逐渐减少,因此,以高产、优质、高效为目标的设施农业将会得到更大的发展。具体表现在以下几个方面：

设施农业技术进一步推进规模化发展。随着城市化进程的加快,2023年根据国家统计局发布的数据显示,我国城镇人口占总人口的66.16%,要满足如此众多的城镇人口对农副产品的需求,利用有限的土地创造出更多的农产品,必然要求设施农业在规模和技术上得到更快的发展。同时,设施农业作为一个新兴产业,在技术和资金上将会得到进一步扶持,使其向规模化、专业化和产业化方向发展。

设施农业的机械化装备将进一步趋于合理。除了基础设施及其内部环境条件控制技术的发展,先进的机械化装备是设施农业发展的关键环节,设施内作业的机械化装备正逐步向自动化和智能化的方向发展。设施内配套技术、操作机械、环境调控设备将进一步完善,并实现可持续发展,在推行设施农业的过程中,应当提升机械化应用比例,对装备进行升级改造,逐步通过机械替代人工,不断推进农业沿着更加现代、高效的路径发展,进而通过设施农业提升整体农业生产效率。

高产、优质、抗劣性强且适宜于设施农业生产的品种将会得到进一步的开发和应用。在设施条件下将实现基因工程育苗和组培育苗实用化,开发出具有抗逆性强、抗病虫害、耐贮和高产的温室作物新品种,全面提高温室作物的产量和品质。

设施农业的区域辐射面积将进一步扩大。中国的设施农业区域将从目前的华北、东北和东部沿海地区向西北地区和一些欠发达地区辐射,由于西北等地区的自然资源对发展设施农业十分有利,只要得到资金、技术等方面支持,将会有一个高速发展和快速增长的势头。

第三节　设施农业作物种植环境

一、设施农业作物种植环境的结构类型

由于种植方式的调整以及各种现代设施农业的良种方式方法,在当前的设施农业发展

中,充分利用多种类农产品特征,重视灵活的种植方式以及杂交培育技术,并通过多种技术优化组合,配套应用,以适应不断增加的市场需要,提高农业产值和经济效益。针对同一品种作物,通过覆盖地膜、露地栽培以及大棚温室种植的方式在相同地区进行分批次播种,可以在不同的时间进行收获。分批量上市能够调整市场供需要求,缓解供需矛盾,从而加大经济效益。另外,一些老的棚室推行一年多茬种植,并配合各种蔬菜植被对棚室土壤结构进行调整。而对于新建的棚室可以相对减少种植量,例如,上茬种植番茄,下茬可种植花椰菜或者甘蓝。实现设施内种植种类多样化,目前设施种植的主要结构类型有以下方式:

(1)阳畦主要用于青苗与叶菜类栽培。

(2)塑料拱棚有大、中、小型塑料棚,可以用于蔬菜、花卉早熟越夏和秋延后栽培。

(3)日光温室主要用于作物的冬春茬栽培以及提早熟、秋延后栽培。

(4)现代日光温室主要用于作物长季节栽培的大型温室结构类型,具有调控功能。

在设施结构的选用上,蔬菜和花卉可以利用以上多种类型结构,选择范围较广,而果树栽培一般只能选用大型塑料拱棚、日光温室和现代日光温室。

二、设施农业作物的种植方式及种类

目前,我国现有的设施作物栽培的类型可按种植内容以及栽培季节与形式进行分类。

1. 按种植内容分类

(1)设施蔬菜,含食用菌、草莓。

(2)设施花卉,含盆花、鲜切花、观叶植物。

(3)设施果树,如葡萄、桃、樱桃、杏等。

(4)设施药用植物,如人参、西洋参等。

(5)设施种苗蔬菜和花卉工厂化育苗。

2. 按栽培季节与形式分类

(1)长季节栽培一年一作,从秋季至翌年夏季。

(2)冬春长季节栽培,又称越冬栽培、深冬栽培,从12月开始栽植,到第2年5月栽培结束。

(3)早熟栽培又称春提早栽培,一般1月育苗,3月定植,6月结束。

(4)越夏栽培,即夏季利用遮阳网、防虫网、避雨棚栽培。

(5)秋延后栽培即抑制栽培,一般8月育苗,9月定植,12月结束。

三、设施蔬菜的种类

在设施作物栽培过程中,夏季遮阴降温设备的改善、反季节和长周期栽培技术成果的应用、设施环境和肥水调控技术的不断优化和改善、人工授粉技术的应用、病虫害预测预报及防治等综合农业高新技术等的应用,使设施栽培的经济效益和社会效益不断提高,设施作物种类和品种也日益丰富。蔬菜作为我国的主要经济作物之一,采用设施栽培可以避免低温、高温、暴雨、强光照射等逆境对蔬菜生产的危害。设施蔬菜栽培具有全年供应生产、减少水资源浪费、高产优产等特点,能为蔬菜生长发育提供良好的环境条件,从而进行有效生产。

由于蔬菜设施栽培的设施类型多种多样,适合设施栽培的蔬菜种类也很多,主要有茄果类、瓜类、豆类、绿叶菜类、芽菜类和食用菌类等。

(1)茄果类主要有番茄、茄子、辣椒等,产量高,供应期长,在我国普遍栽培,大部分地区能实现周年供应,其中栽培面积最大的是番茄。

(2)瓜类主要是黄瓜,西葫芦、西瓜、甜瓜、苦瓜、南瓜、冬瓜、丝瓜等也可进行设施栽培,但栽培面积远不及黄瓜。

(3)豆类主要有大豆、豇豆和荷兰豆。在蔬菜淡季供应中有重要作用,特别是在冬季或者早春露地不能生产的季节,更受人们的欢迎。

(4)绿叶菜类主要有芹菜、莴苣、油菜、白菜、菠菜、茼蒿、芫荽等。绿叶菜是一类主要以鲜嫩的绿叶、叶柄和嫩茎为产品的速生蔬菜。由于生长期短,采收灵活,栽培十分广泛,品种繁多。

(5)芽菜类主要有豌豆、香椿、荠菜、荞麦等种子遮光发芽培育成黄化嫩苗或在弱光条件下培育成绿色芽菜。它们作为蔬菜食用称为芽菜类,适于工厂化生产,是提高设施利用率、补充淡季蔬菜的重要蔬菜。

(6)食用菌类主要有双孢蘑菇、香菇、平菇、金针菇、草菇等,特种食用菌如鸡腿菇、鸡松茸、灰树花、木耳、银耳、猴头、茯苓、口蘑、竹荪等,近年来一些菌类工厂化栽培发展很快。

四、设施种植环境中智能生产装备的应用需求

建设农业强国是一项长期而艰巨的历史任务,将伴随全面建设社会主义现代化国家的全过程。设施农业生产是一项综合性系统性的工作,设施、农机和农艺技术缺一不可,在设施结构、品种选择、生产方式等方面提升宜机指数,因此农机的选择要满足设施、农艺的要求。围绕设施农业生产流程,大力推进标准化生产,对农业产前选择、产中管理、产后收获各个环节制定技术标准,采用机械化手段,规范操作流程,提高机械化、自动化、智能化水平,让设施农业成为"标准化生产车间",实现作物的绿色、高质、高效生产。设施作物生产有单栋塑料大棚、连栋塑料大棚、玻璃温室、屋顶全开型玻璃温室等类型,生产环境差异较大,而且种植模式各不相同,茬口安排也各具特色,执行的标准等级也有差异,管理者水平差异较大。因此,要以习近平新时代中国特色社会主义思想为指导,立足新发展阶段、贯彻新发展理念、构建新发展格局、推动高质量发展,以保障国家粮食安全为底线,以科技和机制创新为动力,以设施和装备升级为重点,推动农业发展由追求速度规模向注重质量效益竞争力转变,由依靠传统要素驱动向注重科技创新和提高劳动者素质转变,由产业链相对单一向集聚融合发展转变,加快实现由农业大国向农业强国的跨越。

针对设施环境和品种的多样性问题和设施农业机器人的多种用途,以及温室作业操作不便、功能单一等难点,研制适用于多场景、多功能、多用途的设施农业机器人,提高农业机器人的适用性,满足不同农业设施形式以及不同农业生产类型的使用要求,使设施农业生产作业具有效率高、性能稳定、工作可靠等优点。

为满足自动化、智能化、多种作业的需求,要促进精确自主导航、智能化机器学习、非结构环境视觉识别、疾病预测与诊断、生长调控与决策、柔性末端执行器等方面的投入使用,在温室内搭载不同配套执行机构、自主视觉导航、自主定位转向等。未来要在多种机器人之间协作、互通互联、相互融合等方面实现突破,实现科学自主的精细化智能管理。

第四节 设施农业机械化

党的二十大报告提出,全面推进乡村振兴,强化农业科技和装备支撑。发展设施农业,可拓宽农民增收致富渠道。与新型工业化、信息化、城镇化相比,农业现代化还是明显短板弱项。我们要把加快建设农业强国摆在优先位置,大力推进农业现代化,促进农业高质高效,为全面建设社会主义现代化国家奠定坚实基础。因此在农业生产领域,人们通过现代技术手段为植物的生长提供更加舒适可控的环境,高效利用气候、土壤等多种元素,在固定的土地上生产出高品质、高产量和可观利润的产物。在开展设施农业生产的过程中,无论是配套所需的设备、附属设备,还是机械作业所需设备,均能发挥至关重要的作用。随着我国农业机械化程度的日渐提升,设施农业的机械化发展也日渐被农业生产组织所重视,具有一定的应用前景与研究价值。

一、我国设施农业机械现状

整体发展水平较低。我国设施农业机械与发达国家相比,起步较晚,整体技术水平相对落后。我国虽是农业大国,但设施农业起步于改革开放后,设施农业机械更是近些年才开始发展起来。我国设施农业机械现状主要具有以下特点。

生产效率和精密度较低。我国设施农业机械与发达国家相比,在生产效率和精密程度方面都比较低。虽然我国目前的设施农业机械已能基本完成各作业环节所需的各项功能,也能适应当前设施农业的发展,形成了一定的规模和体系,但其生产效率和精密度还不乐观,没能得到有效的改善,这不利于我国设施农业机械的发展。

与设施农业的农艺特点结合不够紧密。设施农业的生长环境最大特点是具有封闭性,封闭的设施大棚内部温度及湿度都很大,空气中的各类气体含量与棚外不同。高温、高湿环境不仅适宜农作物的生长,同时也适宜微生物的繁殖,棚内病虫害增多,使得植保机械与大田植保机械有区别;设施大棚中的土壤与棚外土壤在土质、松软度以及土壤中物质含量都有所不同,所需的作业机械也会有所区别。诸如此类的因素较多,所以设施农业机械必须与设施农业的农艺特点相结合。

新材料、新技术的研发与应用相对滞后。研发力量的加强、技术的进步是促进一个领域发展的直接动力,我国设施农业机械的发展同样也需要相应的技术改革来推动。当前环境下,我国的设施农业机械在新材料和新技术的研发与应用方面相对落后,技术含量不高,这导致了设施农业机械在设计、材料选取及制作加工方面做不到全面优化,从而直接影响机械在作业过程中的效率与精度,同时也会缩短机械的使用寿命。

信息化程度不够。当前社会是信息化社会,信息化早已经深入各行各业。我国农业生产中应用信息化的生产模式,实现系统化的管理,生产效率也得到了提升,但在设施农业机械的发展中,信息化的应用程度不高,没有将信息化的优势在设施农业机械中体现出来。

因此,如何全面提升我国设施农业机械的现代化水平已经成为摆在我国农业发展面前的重要课题。

二、推动设施农业机械化发展的重要意义

农业机械化是建设现代农业的重要物质基础,也是实现设施农业现代化的重要标志与内容。在我国,设施农业始终是劳动密集型产业。对于农民来说,从事农业生产是获取收入的主要来源。现阶段,我国设施农业依然依靠人工作业,所需劳动强度较大,这也是生产率始终偏低的主要原因,生产积极性也因此受到制约。农业农村部发布的《关于加快推进设施种植机械化发展的意见》中指出,围绕设施种植产业优势区域,积极推进设施布局标准化、建造宜机化、作业机械化、装备智能化、服务社会化。普及土地耕整、灌溉施肥、电动运输、水肥一体化设施以及多功能作业平台等技术装备,推广环境自动调控、水肥一体化和作物生长信息监测等机械化信息化技术,探索开展嫁接、授粉、巡检、采收等农业机器人示范应用。

农业机械化在一定程度上推动了设施农业科技成果的转化应用。农业科技成果转化困难、科技创新动力不足的主要原因在于科技创新的落后,缺少能够让科技进步的动力以及源泉,而农业机械化便是推广农业科技的有效载体,可以加快农业机械化科技创新的步伐,使农机化科技能够得到进步,更能让农艺与农机紧密地结合起来。

农业机械化在一定程度上也推动了农机社会服务体系的建设。农机社会服务体系的建设在发展现代农业的过程中能够发挥很重要的作用,按照各地区的相关要求,建立完善的国家级农机社会化服务体系,能够进一步提高农机技术的推广、信息服务、质量监督以及安全监理的能力与水平,在联合机械、土地、技术等生产要素之后,能够创办多种所有制形式的新型农机服务组织,比如农机专业合作社,并不断提高服务能力,扩大服务的规模,提高所获得的利益,从而全面提高农业现代化水平。

农业机械化可促进农业与农村的全面可持续发展。农民与农业生产经营组织是发展农业机械化的主体,而加快实施农业机械化的发展,不仅能够改善农民的生活水平,提高农业的生产劳动率,还能够缩小城乡差距、提高农业与农村经济的整体水平,同时合理地发展农业机械化,在巩固以及发展我国农业的基础地位、促进农业与农村经济的全面协调与和谐可持续发展等方面均具有重要意义。

三、农业机器人在设施农业中的应用前景与分类

习近平总书记指出,农业现代化关键在科技进步和创新。近年来,作为实现农业高质量发展的重要路径,科技创新推动农业质量效益和竞争力不断提升,农业生产各环节的短板弱项逐步补齐。农业机器人的发展大体上可分为三个阶段:第一阶段为萌芽期,从 20 世纪 80 年代至 20 世纪末,农业生产环节引入了机械臂、图像处理等工业机器人元素,助推了农业自动化的发展。第二阶段为起步期,自 2000 年至 2015 年,代表性成果为嫁接、移栽等机器人进入产业应用期。第三阶段为发展期,2016 年至今,人工智能技术工程化趋于成熟并进入复杂农业场景,除草机器人、表型机器人形成了示范应用。

设施农业机器人随着工业机器人的发展而发展,虽然有部分工业机器人也胜任农业工作任务,但工业机器人的质量及高功耗、高成本使其不适用于农业。农业机器人与传统的工业机器人相比具有 4 个特点。

(1)作业的季节性。农业机器人大多数只针对农业生产的某个环节,性能单一且适应性

不强,因此,每个环节都需要不同的机器人,大大增加了农业生产成本。

(2)设施作业的非结构性。与工业机器人作业环境不同,实际设施作业的环境恶劣,农业机器人在设施内进行作业时需考虑的环境因素较多,因而农业机器人需要具有较强的适应性,才能在不同的生产环境中完成不同的生产任务。

(3)作物的娇嫩性。农业机器人在工作过程中,需要对作物的娇嫩程度、形状、大小等情况做出柔性处理。

(4)使用对象的特殊性。农业机器人大多数由农民操作。一方面,农民不具备高水平的机械操作能力,因而农业机器人必须简单易操作;另一方面,农业生产作业的利润较低,因此农业机器人的价格不能过高,应在农民的承受能力范围之内。

农业机器人技术受人工智能、物联网、移动通信、传感器等前沿技术牵引,逐渐全面渗透到种植、养殖产业各个生产应用场景。世界各国先后研发了各式各样的农业机器人,农业机器人进入多学科交叉融合、高技术整体驱动的新时代。

现有的农业机械在设施农业发展中存在着一些缺陷,但这些缺陷并不妨碍其作为农业现代化的重要分支发展下去。党的二十大报告指出,坚持面向世界科技前沿、面向经济主战场、面向国家重大需求、面向人民生命健康,加快实现高水平科技自立自强。以国家战略需求为导向,积聚力量进行原创性引领性科技攻关,坚决打赢关键核心技术攻坚战。由于设施农业需要在全封闭的设施内周年生产园艺作物,依靠高度自动化控制的生产体系以最大限度地规避外界不良环境影响,具有技术密集型特点,而设施农业机器人能够满足这种精细管理和精准控制的需求,并且能够解决温室生产作业的劳动密集和时令性较强的瓶颈问题,大幅提高劳动生产率,改善设施农业生产劳动环境,避免温室密闭环境施药作业对人体产生危害,并保证作业的一致性和均一性等。农业机器人是一种可以应用于农业领域的机器人,主要用于辅助农业生产中的种植、喷洒、采摘、除草、施肥等任务。

目前全世界已经开发出了耕耘机器人、移栽机器人、施肥机器人、喷药机器人、蔬菜嫁接机器人、蔬菜水果采摘机器人、苗盘播种机器人、苗盘覆土消毒机器人、除草机器人等相对比较成熟的可用于设施农业生产的农业机器人。很多温室使用机器人可实现不分昼夜地连续工作,极大地降低了劳动成本。目前,设施农业与温室生产中由于品种、规模、技术、投资等不同,导致实际生产中的设备与装备千差万别,在此对设施农业生产环节中的部分设备加以介绍。

(一)种植机器人

农业机器人技术在农业工程中的应用非常广泛,其中最重要的应用之一就是精准种植。机器人可以通过传感器和计算机视觉技术实时检测土壤信息和植物信息,帮助农民进行精准种植。机器人可以根据检测到的信息确定种植的位置和深度,同时还可以在种植时添加肥料和水分。此外,农业机器人技术还可以应用于测土配方施肥,通过传感器检测土壤的营养成分和 pH,从而确定合适的肥料种类和施肥量,避免过度施肥和浪费资源,减少对环境的污染。种植机器人是集成视觉感知、控制与执行等多种功能于一体的综合控制系统,是农业机器人领域中重要的组成部分。种植机器人的研究开发进一步促进了农业机器人的发展,对农业机械自动化、智能化的研究具有巨大的理论意义和实用价值。

标准模块化种植机器人的理念在设施农业生产领域的应用能够给农业注入巨大的活力。以色列海法市一所大学的研究人员研制的种植机器人选择可用来运输的集装箱作为作物生长环境,选用营养液栽培法来种植蔬菜及其他农作物。这种方法的主要原理是:以水取代土壤作为植物的苗床,每只集装箱内从播种、浇水直至收获均由机器人系统操作,箱内的温度、湿度、光线等均由机器人控制,使农作物一年每一个生长时刻都得到精心的管理。经过试验,一个运输集装箱平均每天可生产的蔬菜比同样面积的普通农田产量要高出数百倍。这种基于标准模块组装的机器人具备大规模应用的广阔前景,规模化潜力巨大。

图 1-3　太阳能种植机器人样机

国内也有对种植机器人的研究:天津农学院田维翼等(2021)设计开发一款集灌溉、施肥、播种、除草、环境数据收集以及远程操作等功能于一体的太阳能种植机器人,样机如图 1-3 所示。太阳能种植机器人以 Delta 并联机械手的运动学研究为核心,将云物联网技术融入机器人中,是一款搭载云端控制系统的智能作物生产机器人,用户通过电脑、手机等智能设备实现对种植机器人的基本控制以及基础数据收集,主要适用于多种作物种植的工作环境,完成机械自动化耕作播种作业。该机器人的推广应用对于降低生产者劳动强度,提高播种种植效率具有重要意义。

天津农学院徐景磊等(2018)以打造家庭式全自动小型农场为理念,设计开发了一款集自动播种、浇水、施肥、环境监测和控制等功能于一体的智能云种植机器人。通过机械本体以及控制系统设计,分别制作了阳台式和桌面式两种智能云种植机器人的样机制作,如图 1-4 所示。机器人基于笛卡尔坐标系统的硬件设计且融合 DIY 理念,其播种机构可以适应多粒度种子的精密播撒;同样机器人也结合了云物联网技术,实现远程控制及数据收集。

（a）阳台式智能云种植机器人　　　　（b）桌面式智能云种植机器人

图 1-4　智能云种植机器人样机

河北科技大学杜云等(2018)创建了基于图像识别的角点检测方法对大蒜鳞芽进行检测,并利用现代机械化装置对大蒜进行了传输,开发了以嵌入式操作系统为主控制器的大蒜种植系统,搭建了基于 Qt 系统的 UI 界面,显示了源图像、处理后的图像和关键的参数,便于操作者的观察。图像处理平均时间为 246 ms,准确率超过 95%,为实现大蒜自动无人种植提供了一个可行的方向。

(二)工厂化育苗

工厂化育苗是随现代农业发展出现的一项先进农业技术,是现代化农业的重要组成部分。相较于传统的育苗方式占地多、费工费时、效率低下等特点,工厂化育苗具有集约化、规模化、生产效率高、自动化程度高等特征。改变传统的育苗方式,实施工厂化育苗是提高我国农业产业化的必然选择。工厂化育苗在可控环境条件下进行育苗并缩短育苗周期、保证秧苗质量,在国内呈现加速发展的势态。工厂化育苗也叫穴盘育苗,是指以草炭、蛭石等轻基质无土材料做育苗基质,采用机械精准播种一次成苗的现代化育苗体系。穴盘育苗具有育苗整齐、出苗率高、移栽容易、不伤根、可以机械化播种等优势。工厂化穴盘育苗是将机械化精密播种机械搬进育苗车间,为育苗的快速生产提供了保障。自动化机械播种系统是工厂化育苗过程最重要的技术,包括送料系统、基质填料系统、精量播种系统、基质覆土系统等多个环节,以现代化、企业化的模式组织种苗生产和经营。通过优质种苗的供应、推广,生产中使用园艺作物良种,节约了种苗生产成本,降低种苗生产风险和劳动强度,为园艺作物的优质高产打下基础。

设施生产工厂化育苗精准作业育苗机器人是一种结合现代农业技术和自动化技术的设备,旨在提升育苗生产的效率和精准度。这类机器人通常可以自动完成种子播种、土壤处理、浇水等工作,大大减少了人力需求。利用先进的传感器和图像识别技术,机器人能够根据苗木的生长状态进行精准调控,确保每一个苗木都能得到最合适的照顾。设备通常配备多种传感器,能够实时监测温度、湿度、光照等环境因素,自动调整生长条件。机器人可以记录育苗过程中的数据,包括生长状况、资源使用情况等,方便进行后续分析与优化。通过精确的水肥管理,机器人能帮助实现资源的高效利用,降低生产成本并减少环境影响。随着技术的进步,育苗机器人在农业生产中正发挥着越来越重要的作用,并推动了设施农业的智能化发展,是现代设施生产中的关键设备,非常适合现代农业园区使用,有很好的示范效果。

目前,国内有中药材、水稻、蔬菜等采用工厂化育苗生产。

1. 中药材工厂化育苗

霍山石斛(*D. huoshanense* C. Z. Tang et S. J. Cheng)俗称米斛,是兰科石斛属的草本植物,主产于大别山区的安徽省霍山县。其市场需求量大,但目前国内自然资源已枯竭,很难采到野生植株。同时,霍山石斛繁殖难、生长周期较长,产量远远不能满足药用需求。

目前,霍山石斛种苗可以利用种子组织培养的方法进行工厂化育苗。中国中药霍山石斛科技有限公司与霍山县政府及当地厂家合作,在获得优质、纯正霍山石斛种源基础上,在当地开展了霍山石斛工厂化育苗工作。其在霍山县组建近 2 000 m² 霍山石斛种苗繁育中心,如图 1-5 所示,可实现霍山石斛种苗从组培扩繁、炼苗、驯化到移栽的集约化生产。霍山石斛种苗年出苗量达 5 000 万株,可满足约13.3 hm² 种植基地的用苗量,为发展壮大霍山

图 1-5　霍山石斛种苗繁育中心

石斛产业奠定了坚实的基础。

2. 水稻工厂化育苗

江西省于都县罗江乡的数字智能化育秧中心的玻璃温室大棚占地面积 2 400 m², 如图 1-6 所示。它包括循环立体式育秧床、自动播种流水线、水肥一体化设备以及物联网智能控制系统等。从放盘、覆土、播种,到后期秧盘输出、叠盘一系列工序,不到十几秒钟就可完成,1 h 可以实现 1 000 多个秧盘的播种。为了让种子能够准时萌发出土,育秧中心在催芽室内安装了密室智能控制系统,确保温度和湿度更加稳定。48 h 之后,种子发出小嫩芽,就可以出仓到室外进行下一步管护。催芽成功的秧苗,就会被放到先进的循环运动式育秧床上。育秧床是立体多层、循环运动的,通过上下齿轮的不断转动,秧苗就可以在上面进一步享受均匀光照以及合理的空间,并且节约土地。等秧苗长到"两叶一芯"时,便可以到达室外进行下一步的炼秧。整个育秧中心采用物联网系统进行整体控制,所有设施都纳入"一张网"管理,工作人员只需要通过手机,就可以实现远程控制秧苗所需要的温度、光照、水分和养分。水稻工厂化育苗机器推进水稻种植专业化、规模化、集中化、现代化、智能化,让现代科技助力水稻生产跑出"加速度"。

图 1-6　江西省于都县罗江乡的数字智能化育秧中心

3. 蔬菜工厂化育苗

中国农业科学院蔬菜花卉研究所以蔬菜种苗发育调控与繁育技术为工作重点,从分子、细胞、机体水平,研究蔬菜种苗发育内在遗传机制及环境信号响应机制,明确蔬菜种苗发育调控的关键位点与路径;从群体水平,研究开发蔬菜工厂化种苗繁育技术及实用小型装备,提升蔬菜种苗繁育科技水平;并编制全国性蔬菜种苗相关标准。图 1-7 为团队研究的甜瓜集约化育苗。

工厂化育苗是一项集资金、技术和劳动力为一体的密集型产业。它的最大特点是能够充分发挥温室设施功能,高度利用温室土地和空间,人为地控制苗木生长环境和生长条件,利用完整的人工微观气候系统,促进或者抑制苗木生长,从而达到调节苗木产期和全年繁育的效果,具有显著的高产、

图 1-7　甜瓜集约化育苗

稳产和优质高效的特点。工厂化育苗可以一次投资,多年使用,同时还节省能源、种子和育苗场地,便于规范化管理,适合机械化移栽及远距离运输。采用规范化技术措施以及机械化、自动化手段,快速又稳定地成批生产优质作物幼苗的育苗技术,用种量少、育苗期短、能源热效率较高、设备利用率高、幼苗素质好、生产量稳定,是世界各国育苗技术改革的目标和发展方向。育苗机器人模型体现了农业机械化与自动化相结合的先进思想,展现了机电一体化的先进设计理念,反映了现代农业高度智能化的发展趋势。能够较好地满足精细农业的发展要求,为工厂化育苗生产线的进一步理论研究提供了明确的思路及研究方向。实现种苗的工厂化生产、商品化供应将成为传统农业走向现代农业的必然途径。因此,工厂化育苗具有非常广阔的发展前景。

(三)移栽机器人

移栽作业一般需要大量手工劳动才能完成,为了解决这一难题,开发了移栽机器人,它能够代替人工高效率地进行移苗工作。这种自动化的作业方式能极大地减轻工人的劳动强度。机器人本体由四自由度工业机器人和夹持器组成,在工作的过程中,依靠系统的视觉传感器和力度传感器,能够做到夹持秧苗而不会对其造成损伤。这样的工作效率是熟练工人的 2~4 倍,而且不会因为工作单一枯燥和长时间劳动而降低工作质量。因此,该设备非常适合现代温室作物生产过程中的移栽作业。另外,该工作过程可通过计算机控制,实现自动化的标准苗分选,保证种苗的质量。这种机器人作业的模式可以有效解决人为因素导致的种苗分选质量不稳定的问题。

温室穴盘苗移栽技术是设施农业中的重要环节,其自动化作业水平直接影响温室蔬菜的规模化生产效率。发达国家对温室穴盘苗移栽技术研究较早,学者主要依托机械臂进行穴盘苗的移栽作业。Ryu 等开发了一套配备图像识别的移栽机器人(Ryu et al.,2001),试验中移栽效率可达到 20~25 株/min。VISSER 公司研发的 PC-21 移栽机适用于 642-72 孔穴盘移栽(Syed et al.,2019),该机采用指针插入式结构,取苗成功率较高,平稳运行下取苗效率达到 200~280 株/min,如图 1-8 所示。

图 1-8 PC-21 移栽机

中国移栽机大多采用三坐标龙门结构,结构简单、运动轨迹单一,容易形成累积误差。并联机构具有刚度大、精度高、累积误差小及控制性能良好等特点,在包装、分拣等领域获得了成功应用,为并联机器人在温室移栽作业方面的研究和应用提供了参考。江苏大学周昕等(2020)设计了一款以黄瓜为对象的并联移栽机器人,样机如图 1-9 所示,并结合两条输送系统将穴盘自动输送至移栽作业

图 1-9 并联移栽机器人样机

区域,完成移栽作业后再将穴盘输送至下一个作业工序,提高了移栽效率。

(四)嫁接机器人

设施环境生产中的嫁接技术能有效提高产量、增加作物抗病虫害的能力,因此得到广泛应用。为了解决嫁接过程中劳动强度大的问题,机器人技术较早被引入这个领域。日本对嫁接机器人的研究起步较早,嫁接的对象包括黄瓜、西瓜、番茄等。这种经过嫁接的蔬菜水果更能适应温室环境并明显地提高产量和果实品质。机器人利用图像探头采集视频信息,并利用计算机图像处理技术实现嫁接苗叶的识别、判断、纠错等,然后完成砧木、接穗的取苗、切苗、接合、固定、排苗等嫁接全过程的自动化作业。全自动的机器人可以同时将砧木和接穗的苗盘通过传送带送入机器中,机器人可自动完成整个苗盘的整排嫁接作业,工作效率极高。半自动的机器人通过人工辅助,在嫁接过程中,工人把砧木和接穗放在相应的供苗台上,系统就可以自动完成其余的劳动作业。

图1-10 AG1000型嫁接机

日本洋马公司与生研机构1994年联合推出的AG1000型嫁接机是茄类全自动嫁接的代表机型(森川信也等,2004),如图1-10所示。它的技术特点是多株同步嫁接,砧木和接穗均采用穴盘方式上苗作业,需一人上机供给穴盘,生产效率可达1 000株/h,嫁接成功率为97%。该机结构相对庞大,机架上设有3条输送带,用于完成砧木、接穗和嫁接苗的穴盘输送,秧苗夹持、切削和对接上夹环节均是6株同步作业。机器人作业时,首先砧木和接穗输送带将穴盘精准输送至上苗工位,夹持机构分别将砧木和接穗夹持并提升至切削工位,砧木和接穗切削机构分别对砧穗茎秆进行夹持定位和切削作业;然后,搬运机构将切削好的砧木和接穗搬运至对接工位,将砧木和接穗切口精准对接,自动上夹装置输出嫁接夹完成嫁接苗的切口固定;最后,接穗夹持手打开、砧木夹持手下行将嫁接苗放入新穴盘内完成回栽作业。该机单次作业可完成6株嫁接苗,对砧木和接穗的嫁接匹配度要求很高,嫁接质量受秧苗的株高和茎粗影响很大,因当时育苗技术水平尚未实现标准化,该产品问世以后在日本全国仅销售4台,说明全自动嫁接机的研发难度很大。

浙江理工大学张雷(2015)结合自制样机提出了一种能够处理自然条件下采集彩色图像获得嫁接苗特征的算法,算法无须使用结构光、滤光片等附属装置,降低了硬件成本。算法同时可以获得生长点处图像坐标值,经过标定和坐标转换,可最终获取在机器人工作坐标系中的相关直径、长度及生长点坐标信息。蔬菜嫁接样机如图1-11所示,处理时间约0.31 s,试验表明能在线满足嫁接需要,嫁接试验速度12株/min。

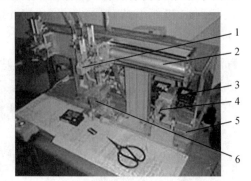

图1-11 蔬菜嫁接样机
1.机械手;2.导轨;3.电器元件;
4.穗木苗;5.底座;6.砧木苗

嫁接机器人是现代机器人和自动化技术在农业领域中的集成创新,融合了机械、电子、计算机、智能控制、园艺等多领域交叉学科的技术知识。嫁接机器人在解决用工短缺、提高种苗生产质量和效率、保障嫁接生产的时效性等方面具有重要意义,其市场需求潜力巨大,应用前景非常广阔。

(五)农药喷洒机器人

农药喷洒机器人可以通过传感器和机器视觉等技术获取作物信息和周围环境信息,从而确定精确喷洒的施药量和喷洒区域。例如,在无人机喷洒中,机器人可以使用高精度的导航技术,根据农田的形状和大小确定喷洒路径和施药量。此外,机器人还可以根据不同作物需求进行不同喷洒,从而提高喷洒的效果和效率。通过使用农业机器人技术进行精确喷洒,可以显著减少农药使用量和对环境的影响,同时还可以提高农作物产量和质量。农药喷洒机器人可以通过云端管理平台进行数据分析和处理,从而实现更加精确的喷洒和管理。

农药喷洒机器人技术是根据设施生产中杀菌和病虫害防治的要求,结合现有的高精尖科技成果,应用光机电一体化技术、自动化控制等技术在施药过程中按照实际的需要喷洒农药,做到"定时、定量、定点"喷药,实现喷药作业的人工智能化,做到对靶喷药,计算机智能决策,保证喷洒的药液用量最少和附着在作物叶面程度最大,减少地面残留和空气中悬浮飘移的雾滴颗粒,符合绿色发展理念。美国开发的一款温室黄瓜喷药机器人利用双管状轨道行走,通过计算机图像处理判断作物位置,实现对靶喷药。设施农业喷药机器人配备了一套视觉方案,包含导航和定位以及人工智能的运算算法,解决了机器人导航不准的问题。部分温室喷药机器人采用轮式方式行走,可利用辅助标志自动识别道路,喷药机器人采用循迹方式自走作业,采用超声波技术和光电技术定位作物,实现姿态的灵活调整,非常适合在温室的光线下进行图像识别。姿态校正速度明显高于摄像头导航的机器人,基本不会偏离作业路径,可实现持续喷雾作业。

(六)采摘机器人

采摘是农业生产过程中不可或缺的一环,但由于采摘过程对人力成本和效率的要求较高,因此采摘一直是农业生产中的难题。而农业机器人技术的出现为解决这一难题提供了新的思路和解决方案。农业机器人可以通过机器视觉和机器学习等技术对作物进行分类,并判断成熟度,根据作物状态和需求实现精准采摘。此外,机器人的采摘速度和效率远高于人工采摘,可以减少人力成本投入,提高采摘效率。

采摘机器人是一类针对水果或蔬菜收获作业、具有感知系统的自动化机械收获装备,集机械、电子信息、计算机科学、人工智能、农业及生命科学等多学科于一体,涉及本体结构、传感技术、视觉图像处理、机器人正逆运动学与动力学、控制驱动技术以及信息处理等多学科领域知识。相对于在结构性环境下工作的工业机器人,科研人员在对采摘机器人等农业机器人的研究中,要充分考虑机器人作业对象的自身特征和外界的生长环境等诸多因素,对作业对象进行充分了解。具有自主采摘能力的机器人,可以根据果蔬成熟度进行智能采摘,减少了采摘过程中的损耗。目前国内外研究和投入应用的采摘机器人的作业对象基本集中在黄瓜、番茄等蔬菜,西瓜、甜瓜等瓜类,以及温室内种植的蘑菇等劳动密集型作物。

1. 苹果采摘机器人

美国 Abundant Robotics 公司以及以色列 FF Robotics 公司研发的苹果采摘机器人技术相对成熟。Abundant Robotics 公司开发了一种基于自动驾驶拖拉机的苹果采摘机器人,如图 1-12 所示,应用激光雷达技术在果园中实现自动驾驶。该机器人通过计算机视觉技术识别成熟苹果,采用配备真空末端执行器的机械臂收获苹果,从而最大限度地减少损伤,该机器人每 2 s 采摘一个苹果。FF Robotics 公司开发的苹果采摘机器人配备 4～12 个机械臂,每侧各有一半机械臂,如图 1-13 所示。它采用三指抓手在两侧采摘水果,通过旋转把苹果采摘下来。试验表明该机器人每天可采摘 1 万个苹果,成功率为 90％左右,果实损伤率只有 3％～5％。

| 图 1-12　美国 Abundant Robotics 公司
研发的苹果采摘机器人 | 图 1-13　以色列 FF Robotics 公司
研发的苹果采摘机器人 |

北京市农林科学院智能装备技术研究中心冯青春等(2023)研究设计了四臂并行采摘的"采—收—运"一体式机器人系统,实现了矮砧密植苹果的自主采收作业,样机如图 1-14 所示。该研究提出了基于受遮挡果实可见区域信息的目标识别与定位方法,实现了复杂背景下采摘目标质心的空间定位;建立了针对树冠内不同果实密度区域的四臂协同采摘任务规划模型,保障多个执行器高效有序并行采摘。对可见果实采摘成功率为 82.00％,对树冠内全部果实的采收率为 74.56％。该研究为鲜果智能化采摘模式的探索应用提供了技术支撑。

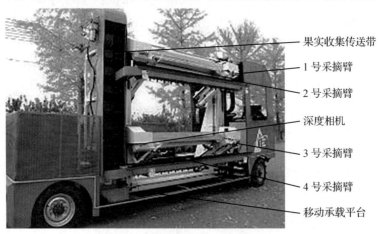

果实收集传送带
1 号采摘臂
2 号采摘臂
深度相机
3 号采摘臂
4 号采摘臂
移动承载平台

图 1-14　苹果四臂并行采摘机器人样机

2. 番茄采摘机器人

Yaguchi 等(2015)为避免损伤番茄开发了一种仿人形机器人,机器人末端采用二自由度仿形旋转爪式执行器,如图 1-15 所示。在采收时,首先用手指抓住番茄果实,然后整个旋转爪旋转,花梗被折断。在识别中,机器人首先使用色相、饱和度和强度颜色空间来提取颜色特征,然后选择欧式聚类处理点云数据,最后通过球形拟合鉴定番茄。通过试验,采摘机器人收获速度为 23 s/个,成功率为 60%,证明了机器人模仿人类采摘行为的可行性。

沈阳农业大学于丰华等(2022)同样研制了一种番茄采摘机器人,如图 1-16 所示。其设计使用了全向移动底盘,上方安装了可移动的六自由度机械手,并在柔性手爪上安装了薄膜压力传感器,树莓派作为视觉识别,STM32 单片机控制底层硬件。

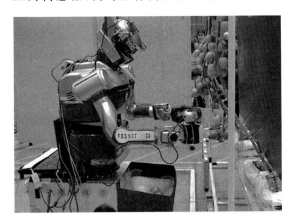

图 1-15　仿人形番茄采摘机器人

图 1-16　番茄采摘机器人

3. 黄瓜采摘机器人

Kondo(1996)等设计了一种六自由度机械臂的黄瓜采摘机器人,结合 CCD 摄像机判别黄瓜的叶与藤的红外反射率以辨别其叶根茎,通过传感器找出黄瓜的果梗并剪断,成功率 60%,采摘一根黄瓜所需要的时间约 16 s。

高国华等(2017)通过机构组合的形式,研制了黄瓜采摘机器人样机,如图 1-17 所示,对样机的机械臂进行了运动学分析与仿真,并在后期对机器人的机械臂进行了一定的优化,提高了该采摘机器人的可行性。

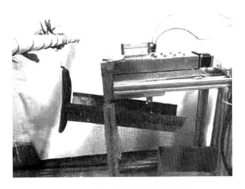

图 1-17　黄瓜采摘机器人样机

4. 草莓采摘机器人

Sawomir Kurpaska(2020)等利用气动吸盘系统对草莓进行采收试验,发现吸盘结构的类型和吸盘在果实上的应用区域和方向对果实的吸力和应力值有显著影响,坏死形成的表面积主要取决于测试和评估之间的时间,试验中草莓果实的质量占平均吸力的 13.6%~23.1%。

图 1-18　草莓采摘机器人样机

西北农林科技大学张曼（2019）研究了一种将远景镜头和近景镜头相结合的草莓采摘机器人，样机如图 1-18 所示，对高架栽培的'圣诞红'品种草莓进行了温室采摘试验，试验结果表明远-近景组合定位在 X-Y 平面内平均误差为 3.43 mm，空间内平均误差为 4.82 mm，末端执行器对定位后的草莓进行采摘，成功率为 95%。

5. 除草机器人

除草是农业生产中必不可少的任务之一，然而传统的除草方法通常需要大量的人工投入和化学药剂，不仅费时费力，有时还会对环境造成不可逆转的破坏。首先，农业机器人技术可以通过无人机或地面机器人实现自动除草，降低劳动力成本和对环境的污染。在机器人实现自动除草的过程中，机器视觉和人工智能等技术发挥了重要作用。机器人还可以通过传感器等技术获取作物信息和杂草信息，如大小、形状和颜色等，从而更加准确地判断需要除草的区域和草种。除草机器人可以在不破坏土壤结构的前提下进行除草，保护土壤健康和生产环境不被破坏。其次，机器人可以减少农民在除草中的人力投入，节省人力成本，提高工作效率。最后，机器人可以减少农药的使用量，降低对环境的污染和对作物的伤害。

Bakker 等（2010）设计了一款除草机器人，如图 1-19（a）所示，该平台结构为四轮转向和驱动，利用全球导航定位系统来确定移动平台的路径位置。Amer 等（2015）研制了多功能除草机器人 AgriBot，如图 1-19（b）所示，6 条机械腿由服务器控制，具有稳定性好、地形适应性强等优势。Tillett 等（2008）设计了一种缺口圆盘刀式末端执行装置的苗间除草机，如图 1-19（c）所示，采用机器视觉系统采集农作物和苗株信息，控制横移机构进行对刀，通过旋转刀盘进行除草作业。Utstumo（2018）等设计的 Asterix 机器人，如图 1-19（d）所示，机器人和除草剂喷施系统是可调节的，以适应种植方法、作物行数、轨道宽度和作物行高度的差异，前置摄像头和导航单元可以在田野中进行行跟踪。该机器人在田间试验中有效清除了所有杂草，除草剂使用比人工除草减少了 10 倍。

张良安等（2020）设计的电驱四足激光除草机器人，样机如图 1-20 所示，采用一种动力学尺度综合方法，在给定的目标轨迹上针对腿部关节驱动力矩进行优化，最终得到一组最优腿部杆长，使其完成目标轨迹的驱动力矩，并实现功耗最小，提高了续航能力。

四、中国设施农业机械的发展趋势

设施农业生产依托的高效率、高投入、高产出的管理模式要求应用大量的高新技术，机器人技术在该领域的应用是国内外研究和应用的热点。设施农业机器人代替人或者大部分代替人从事繁重体力劳动，通过自动识别农作物和自动调整姿态实现无人操作的智能农业机械。因此，在温室园艺环境下，在生产和应用思想指导下，通过大量实际环境测试，研究有关图像识别算法、姿态控制算法、机械末端执行器，将是设施农业机器人发展的重点。由于设施内环境的多变性和对象的复杂性，生产对象不如工业品那样单一和标准，因此，农业机器人相比工业机器人面临更多的技术障碍。设施农业的生产环境相比大田环境，在光线、风速、

（a）除草机器人

（b）AgriBot

（c）苗间除草机

（d）Asterix 机器人

图 1-19　除草机器人

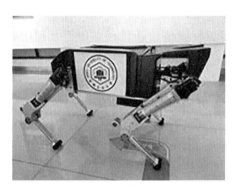

（a）初始位姿

（b）左前腿和右后腿向前迈进

（c）右前腿和左后腿向前迈进

（d）第二个周期的步态

图 1-20　电驱四足激光除草机器人样机

温度等气象条件方面相对较稳定,而且产品附加值较高,在反季节也可生产,因此,未来的机器人技术在设施农业生产上的应用有广阔的发展空间。目前,农业机器人相关技术也在不断突破,农业机器人市场环境的不断变化以及各国针对农业机器人推出的各项鼓励政策将使农业机器人拥有更好的发展前景。

随着农业技术的发展,中国设施农业机械的基本需求发生了很大变化,从硬件设施的大量建设逐步转向对信息技术的迫切要求。设施农业机械是设施农业中的重要组成部分,其技术含量对整个设施农业的发展会产生直接影响。中国设施农业机械的发展主要有以下趋势。

重视组织领导。设施农业机械的发展离不开设施农业的发展,只有构建一个可以有效发展设施农业的氛围,才能从根本上保障设施农业机械的发展。国家有效发展设施农业机械,可以提升设施农业产业劳动产出率、土地产出率以及资源利用率,可以增加农民收入,促进各地区经济发展。各地政府及有关组织可将设施农业机械作为六大产业考核的内容之一,并推行设施农业机械购机补贴政策,促进设施农业机械化发展。

提升精密程度。设施农业机械的精密程度决定了其工作能力和作业效果。中国设施农业机械应朝着提高精密度的方向不断发展,使设施农业机械紧跟现代精准农业的发展步伐,在性能上达到实用、高效。精密程度的提高,可以提高农作物的存活率,减小农作物的损耗,提升农作物的品质,最终提高各作业环节的作业效果,促进设施农业机械的精准化。

减小机械体积。目前,农业机械的改进朝着小型化发展,越是小型的机械越能得到普及。我国设施农业的发展还未成熟,设施农业作业面积没有规模化,所以设施农业机械也是以小型作业机械为主。设施农业机械小型化,可以使设施农业机械在使用过程中更加便捷,操作步骤更加简单,应用地区更加广泛,从而促进设施农业机械的推广。

加大研发力度。"农业的根本出路在于机械化",农业生产脱离不了农业机械,高性能、低成本的农业机械具有很大的市场潜力。随着人们对解放劳动力需求的增加,对设施农业作业效率及质量要求的提高,使得设施农业机械方面的研发力度不断加大。加大设施农业机械的研发力度,是设施农业发展实际需求的体现。

采用新材料、新工艺、新技术。在设施农业机械的发展过程中,新材料、新工艺和新技术被不断应用于设施农业机械中。各类新型材料、工艺及技术能够提高我国设施农业机械的科技含量,提升设施农业机械的工作性能,从根本上促进我国设施农业机械实现快速发展,从而增强我国设施农业的综合实力。

参 考 文 献

杜云,曹世佳,贾科进,等,2018. 基于图像处理的大蒜蒜种品质无损分级方法研究[J]. 河北工业科技,35(5):317-321.

冯青春,赵春江,李涛,等,2023. 苹果四臂采摘机器人系统设计与试验[J]. 农业工程学报,39(13):25-33.

高国华,郑玉航,马帅,等,2017. 黄瓜采摘机械臂运动学分析与样机试验[J]. 中国农机化学报,38(7):3-9.

李向东,蒋靖怡,王娟娟,等.中药材工厂化育苗现状及发展趋势[EB/OL].(2022-06-17)[2024-05-06].http://njfwzx.gxzf.gov.cn/zbgx/gnnjzb/t12037452.shtml.

刘成良,贡亮,苑进,等,2022.农业机器人关键技术研究现状与发展趋势[J].农业机械学报,53(7):1-22,55.

森川信也,西浦芳史,藤浦建史,2004.果菜类用简易接ぎ木装置に关する研究(第1报)[J].割り接ぎ用台木切断器具の试作.农业机械学会志,66(1):82-9.

尚庆茂,董春娟,张梦夏,等.工厂化种苗-蔬菜花卉研究所[EB/OL].(2022-02-24)[2024-05-06].http://ivfcaas.ac.cn/jgsz/kybm/zpychjzyjs/gchzm/index.htm.

田维翼,杨磊,宋欣,等,2021.一种太阳能种植机器人的设计与实现[J].天津农学院学报,28(2):60-66.

徐景磊,宋欣,李冰,等,2018.一种智能云种植机器人的设计与实现[J].天津农学院学报,25(1):81-85.

杨书杰,刘亮,殷一元,等.育秧从"田"进"厂"现代科技助力水稻生产跑出"加速度"[EB/OL].(2023-04-01)[2024-05-06].https://news.cctv.com/2023/04/01/ARTIyopgZo0OWoKgDP3eBAbF230401.shtml.

于丰华,周传琦,杨鑫,等,2022.日光温室番茄采摘机器人设计与试验[J].农业机械学报,53(1):41-49.

张金子,2022.设施农业发展现状及对策[J].农业科技与信息,(4):102-104.

张雷,贺虎,武传宇,2015.蔬菜嫁接机器人嫁接苗特征参数的视觉测量方法[J].农业工程学报,31(9):32-38.

张良安,唐锴,赵永杰,等,2020.四足激光除草机器人腿部结构参数优化[J].农业工程学报,36(2):7-15.

张曼,2019.草莓采摘机器人远-近景组合视觉系统设计[D].杨凌:西北农林科技大学.

周昕,蔡静,2020.温室并联移栽机器人设计与试验[J].农机化研究,42(4):86-89,94.

Abundant Robots,Inc.丰富的机器人|水果收获自动化的未来[EB/OL].(2023-01-24)[2024-05-06].https://waxinvest.com/projects/abundant-robots/.

Amer G,Mudassir S M,Malik M A,2015.Design and operation of Wi-Fi agribot integrated system[J].In 2015 International Conference on Industrial Instrumentation and Control(ICIC),207-212.

Arima S,Kondo N,1999.Cucumber harvesting robot and plant training system[J].Journal of Robotics and Mechatronics,11(3):208-212.

Bakker T,Bontsema J,Müller J,2010.Systematic design of an autonomous platform for robotic weeding[J].Journal of Terramechanics,47(2):63-73.

Chen X,Chaudhary K,Tanaka Y,et al,2015.Reasoning-based vision recognition for agricultural humanoid robot toward tomato harvesting[C].Proceedings of the IEEE/RSJ International Conference on Intelligent Robots and Systems,IEEE,6487-6494.

Kondo N,Monta M,Fujiura T,1996.Fruit harvesting robots in Japan[J].Adv.Space Res,18(1):181-184.

Kurpaska S，Sobol Z，Pedryc N，et al，2020. Analysis of the pneumatic system parameters of the suction cup integrated with the head for harvesting strawberry fruit［J］. Sensors，20(16)：4389.

Ryu K H，Kim G，Han J S，2001. AE—Automation and Emerging Technologies：Development of a Robotic Transplanter for Bedding Plants［J］. Journal of Agricultural Engineering Research，78(2)：141-146.

Syed T N，Lakhiar I A，Chandio F A，2019. Machine vision technology in agriculture：A review on the automatic seedling transplanters ［J］. International Journal of Multidisciplinary Research and Development，6(12)：79-88.

Tillett N D，Hague T，Grundy A C，et al，2008. Mechanical within-row weed control for transplanted crops using computer vision［J］. Biosystems engineering，99(2)：171-8.

Utstumo T，Urdal F，Brevik A，et al，2018. Robotic in-row weed control in vegetables ［J］. Computers and electronics in agriculture，154：36-45.

第二章 椭球形果蔬的生物力学特征

在设施农业中,果蔬种植占据重要地位。设施栽培的果蔬产量通常远超露地种植,其生长环境可以通过调控温度、湿度、光照等因素来优化,使得果蔬生长更加健康,品质更佳。此外,设施农业还可以有效应对各种不利天气条件,如寒潮、低温寡照、大风、暴雪等,从而保障果蔬的稳定生产。以设施蔬菜为例,设施蔬菜的种植品种丰富,包括黄瓜、辣椒、西红柿、茄子、豆角等。在设施蔬菜大棚内,通过控制温度、湿度和光照等条件,可以确保蔬菜在不同季节都能正常生长。同时,设施蔬菜种植还可以有效减少农药残留,提升蔬菜的品质和安全。除了蔬菜外,设施农业中的水果种植也发展迅速。设施果园通过采用先进的种植技术和设备,使得水果在生长过程中能够得到更好的环境调控和营养供应,从而提高水果的产量和品质。一些高附加值的水果,如草莓、西瓜等在设施农业中得到了广泛应用。

随着设施环境下果蔬生产、加工、贮运等环节的机械化技术进步,人们对果蔬生物力学性质的研究日益广泛,逐渐意识到研究解决果蔬生物力学问题对于果蔬生产作业机械设计、收获、加工、贮运、包装等相关装备过程优化和工作参数确定等都具有指导意义。本章以苹果、番茄、猕猴桃和柑橘四种椭球形果蔬为例,介绍其生物力学试验以及果蔬所表现的特征。

第一节 苹果的生物力学特征

苹果是常见水果,营养成分丰富。通常呈圆形,果皮为黄色、青色或红色。苹果采摘过去多以人工为主,耗时耗力,效率低下。苹果采摘机器人可以弥补人工采摘的弊端,并且可最大程度解放劳动力,具有省时和高效的特点。但机械采摘容易对苹果造成损伤,直接影响苹果的贮存、加工和销售,最终影响到苹果的经济效益。为减少苹果损失,提高苹果质量,必须严格控制苹果采摘过程的机械损伤。因此,苹果采摘时的力学特性分析显得尤为重要。

一、苹果的物理特性参数

沈阳农业大学陈思宇(2022)以100个新鲜采摘的红富士苹果作为试验样本,样品收到后立即放入冷藏室进行贮存,在试验前拿出所需的苹果样本在室温下静置2 h后再进行试验。

图 2-1 苹果尺寸测量(陈思宇,2022)

使用游标卡尺对苹果果实的轴向、径向进行测量,并将测量的数据进行整理,得出苹果轴向、径向尺寸(D、H),测量方式如图 2-1 所示,整理测量结果如表 2-1 所示,苹果果实径向尺寸均值为 85.7 mm,标准差为 6.18 mm,径向尺寸范围为 72.5～92.4 mm,苹果果实轴向尺寸均值为 81.2 mm,标准差为 6.6 mm,轴向尺寸范围为 65.3～86.9 mm。

使用电子天平对苹果试样进行称重,表 2-2 为苹果果实单果重,可得出苹果果实单果重的均值为 245.3 g,标准差为 27.0 g,质量范围为 176.8～280.4 g。

表 2-1 苹果轴向、径向尺寸(陈思宇,2022) mm

编号	径向尺寸(H)	轴向尺寸(D)
1	79.2	72.5
2	86.9	82.5
3	92.4	86.9
4	88.2	80.3
⋮	⋮	⋮
97	85.1	81.3
98	72.5	65.3
99	74.8	70.4
100	86.5	82.2
均值	85.7	81.2

表 2-2 苹果果实单果重(陈思宇,2022) g

序号	单果重	序号	单果重
1	244.2	91	236.4
2	239.1	92	218.7
3	280.4	93	255.6
4	213.7	94	189.5
5	195.3	95	227.4
6	229.6	96	231.9
7	209.3	97	197.1
8	278.5	98	253.4
9	221.6	99	235.6
10	176.8	100	205.7
⋮	⋮	均值	245.3

采用排水法测量苹果果实的密度,试验仪器为电子天平、量杯,取 20 个新鲜苹果试样分为 5 组,进行重复试验,最终取 5 组试验结果的平均值。首先测定苹果果实的质量,再将苹果试样放入装有定量水的带刻度的量杯中,记录水位线的变化,计算出体积变化量,根据式(2-1)计算密度。

$$\rho = \frac{m_1}{V_2 - V_1} \times 10^3 \qquad (2\text{-}1)$$

式中:ρ—苹果试样的密度,kg/m³;

　　　m_1—苹果试样的质量,g;

　　　V_1—加入苹果试样前水的体积,cm³。

　　　V_2—加入苹果试样后的体积,cm³;

通过对苹果果实进行排水法试验,确定本试验苹果的平均密度为 884.12 kg/m³,如表 2-3 所示。

表 2-3　苹果的密度(陈思宇,2022)　　　　　　　　　　　　kg/m³

编号	苹果试样密度
1	828.45
2	923.34
3	851.72
4	894.65
5	922.44
均值	884.12

二、苹果的弹性模量

沈阳农业大学陈思宇(2022)选取新鲜苹果样本 20 个,通过压缩和拉伸试验来确定果肉、果皮和果核的力学参数,如弹性模量、破坏应力等,分别对果肉、果皮和果核进行取样,如图 2-2 所示。

将果肉制作成长方形试块,试块长、宽、高分别为 20 mm、20 mm、30 mm,将果皮制成长 80 mm、宽 15 mm、厚 1 mm 试样,最后去除多余部分,留下果核试样,将果核假设为径向尺寸为 35 mm、轴向尺寸为 25 mm 的椭圆形。

如图 2-3 所示,使用 TMS-Pro 专业级食品物性分析仪进行压缩及拉伸试验,最大量程为

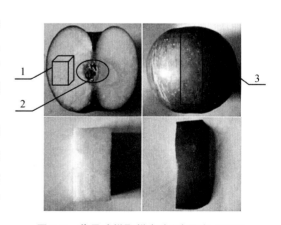

图 2-2　苹果试样取样方法(陈思宇,2022)

1. 果肉取样;2. 果核取样;3. 果皮取样

**图 2-3　TMS-Pro 专业级
食品物性分析仪**

2 500 N,检测精度优于 0.015％,检测行程 30 cm,检测速度 0.1～500 mm/min,速度精度优于 0.1％,数据采集速度大于 2 000 组/s,可以通过转换器件改变检测量程的范围,适用于不同的样品分析。本次试验量程选用 500 N。

试验温度 22.5 ℃,湿度 50.2％,加载速度参照 ASAES368.4W/Corr. 1DEC2000(R2012)中的试验标准,将加载速率控制在 10 mm/min 以内可更好地观察试样发生变形的过程,更好地确定试样发生屈服的力与时间点。果肉及果核压缩试验选定加载速度为 2 mm/min,加载位移 5 mm,记录力与位移数据。

用夹具将果皮试样两端加紧,拉伸速度设定为 0.4 mm/min,拉伸至果皮断裂后停止试验,以果皮中部断裂为试验成功,记录力与位移数据,利用测得的压力和位移量等数据,根据式(2-2)和式(2-3)计算苹果各部分的弹性模量和破坏应力。

$$E = \frac{FL}{A \Delta L} = \frac{4FL}{\pi d^2 \Delta L} \tag{2-2}$$

式中:E—苹果试样的弹性模量,MPa;

F—载荷变化量,N;

d—试样直径,mm;

L—试样高度,mm;

ΔL—试样变形量,mm;

A—试样横截面面积,mm^2。

$$\sigma = \frac{F}{A} = \frac{4F}{\pi d^2} \tag{2-3}$$

式中:σ—破坏应力,MPa。

针对果核压缩试验,式(2-2)中横截面面积 A 可用椭圆面积计算公式 $S = \pi ab$ 计算。针对果皮拉伸试验,将式(2-2)及式(2-3)中的试样横截面面积改成果皮试样的横截面厚度即可求得果皮的弹性模量和破坏应力。

对结果数据进行汇总,如表 2-4 所示,取数据平均值作为苹果果皮、果肉、果核的弹性模量及破坏应力值。

表 2-4　苹果试样各部分力学参数(陈思宇,2022)　　　　　　　MPa

编号	果肉		果皮		果核	
	弹性模量	破坏应力	弹性模量	破坏应力	弹性模量	破坏应力
1	3.9	0.28	11.5	0.49	5.9	0.39
2	4.0	0.30	11.2	0.42	6.2	0.36
3	3.8	0.34	11.1	0.45	7.0	0.32

续表2-4

编号	果肉		果皮		果核	
	弹性模量	破坏应力	弹性模量	破坏应力	弹性模量	破坏应力
4	4.5	0.33	10.8	0.45	6.9	0.41
⋮	⋮	⋮	⋮	⋮	⋮	⋮
17	3.9	0.29	11.8	0.41	6.7	0.42
18	3.7	0.31	11.3	0.42	6.8	0.38
19	4.4	0.33	11.6	0.48	6.5	0.35
20	4.2	0.37	10.7	0.48	6.4	0.36
均值	4.2	0.31	11.5	0.45	6.6	0.38

通过表2-4可知,苹果果肉的弹性模量均值为4.2 MPa,破坏应力均值为0.31 MPa,苹果果皮的弹性模量均值为11.5 MPa,破坏应力均值为0.45 MPa,苹果果核的弹性模量均值为6.6 MPa,破坏应力均值为0.38 MPa。

三、苹果的抗压特性

安徽科技学院材料成型与智能农机装备团队研究生陈蒙使用SUNS质构仪进行了苹果抗压特性相关试验,如图2-4所示,试验中使用平面压头对苹果进行压缩,下压速度为10 mm/min,进行10组静载压缩试验。

图2-4　苹果抗压特性试验及压缩方式

试验结果显示,压头从接触苹果开始,首先经历一近似线性关系的阶段,即从弹性段起点到弹性段终点,这个过程属于苹果的弹性变形阶段,同时可得到这一阶段的最大压力约为59.56 N,其对应的最大位移量2.355 mm。之后进入屈服阶段,苹果在此阶段继续被挤压,表面产生塑性变形,造成不可逆损伤,其中屈服载荷下屈服受力为104.14 N,对应位移量为3.732 mm。过了屈服极限点后,随着继续挤压,此时苹果在承受一段载荷后破裂一次,呈阶梯状。

通过观察10组数据分析得到,苹果产生弹性变形的最小载荷为45.68 N,最小屈服载荷为 126.42 N。

对果蔬的抗压特性进行换算,果蔬的抗压弹性模量 E 和屈服强度 σ,可以通过 $E=\dfrac{F_{弹} L}{A\delta}$ 和 $\sigma=\dfrac{F_{屈}}{Z}$ 计算得到,式中 L 为产生压缩变形方向上的位移(单位为 mm),Z 为接触面积(单位为 mm^2),δ 为压缩变形量(单位为 mm),$F_{弹}$ 为弹性变形阶段的最大压力(单位为 N),$F_{屈}$ 为屈服载荷(单位为 N)。

由赫兹接触理论可知,当 2 个球体接触时,在接触位置产生的总变形量 δ 为:

$$\delta=\sqrt[3]{\frac{9}{16}\left(\frac{1}{R_1}+\frac{1}{R_2}\right)\left(\frac{1-\mu_1^2}{E_1}+\frac{1-\mu_2^2}{E_2}\right)^2 F^2} \tag{2-4}$$

接触半径 r 为:

$$r=\sqrt[3]{\frac{3F}{4}\frac{\left(\dfrac{1-\mu_1^2}{E_1}+\dfrac{1-\mu_2^2}{E_2}\right)}{\dfrac{1}{R_1}+\dfrac{1}{R_2}}} \tag{2-5}$$

苹果的静载压缩试验中选用的是平板压头,其中平板的 $R_1=\infty$,$R_2=D/2$,D 为果蔬的平均直径。同时,在静载压缩试验中,果蔬受到一组即两个平行的平板压头挤压,所以总变形量应该为式(2-4)的 2 倍。这里令 $\dfrac{1-\mu_1^2}{E_1}+\dfrac{1-\mu_2^2}{E_2}=\dfrac{1}{C}$,C 为综合弹性系数。故由式(2-4)可得到:

$$\frac{1}{C}=\frac{\sqrt[2]{2}\delta^{\frac{3}{2}}D^{\frac{1}{2}}}{3F} \tag{2-6}$$

由式(2-5)可得:

$$r=\frac{\sqrt[3]{3FD/C}}{2} \tag{2-7}$$

根据苹果静载压缩试验结果中的弹性载荷及其相应变形量计算出其综合弹性系数,然后利用式(2-7)计算出平板与苹果的接触半径,进而计算出抗压弹性模量及屈服极限。计算结果如表 2-5 所示,最终得到红富士苹果的平均抗压弹性模量为 4.38 MPa,屈服弹性模量为 0.44 MPa,经过计算可知,产生弹性变形的最小载荷为 117.58 N,最小屈服载荷为 156.78 N。

表 2-5　苹果压缩力学特性

平均直径/mm	平均高度/mm	弹性载荷/N	弹性变量/mm	综合弹性系数的倒数(1/C)	接触面直径/mm	屈服载荷/N	屈服变形量/mm	抗压弹性模量/MPa	屈服弹性模量/MPa
83.95	67.28	59.56	2.34	0.52	9.9	104.14	3.73	4.38	0.44

第二节 番茄的生物力学特征

番茄作为我国最重要的果蔬种类之一,在机械化采收过程中,因其果实柔软易破损且不同品种的果实大小、形状存在明显差异,极易造成不同程度的机械损伤,从而导致果实品质下降。此外,由于运输、后期加工等实际需要,部分番茄果实需要在完全成熟前就进行采摘。通常情况下,机器人进行采摘作业时,末端执行器夹持机构对目标果实进行抓取,再通过切断、拉断等方式实现果实与果柄的分离,但在末端执行器夹取果实时,若施加的力超过果实损伤的阈值,则会对果实造成机械损伤;若施加的力过小,则会导致果实滑移、脱落。为了提升采摘机械手末端执行器对不同成熟度水平、不同品种番茄果实的抓取适应性,获取番茄果实的几何参数、番茄果实表面与接触材料之间的静摩擦系数、表皮破损的最小正压力等参数,为后续的末端执行器设计提供数据支撑。

一、番茄的物理特性参数

几何尺寸和质量是番茄的基本参数,江苏大学(周科宏,2022)选取 150 个番茄,用游标卡尺测量番茄果实的横径 h_t、纵径 h_v 和横径高 h_h,用上海浦春计量仪器有限公司的电子天平 JA5001 测量番茄果实的质量 m。图 2-5 展示了番茄的几何参数(横径 h_t、纵径 h_v 和横径高 h_h),横径、纵径、横径高分别表示番茄平行于赤道面的最大圆直径、番茄果柄与番茄底部形成的平面中最大圆的直径、最大横轴直径所在的高度。

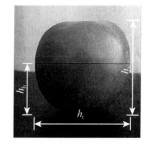

图 2-5 番茄的几何参数(周科宏,2022)

基于横径分类的测量结果如表 2-6 所示。番茄的横径 h_t 为 65.2～94.3 mm,横径高 h_h 为 34.1～56.3 mm。当番茄横径 h_t 为 65.2～74.7 mm 时,番茄质量 m 为 122.3～201.6 g;当番茄横径 h_t 为 74.7～84.4 mm 时,番茄质量 m 为 166.6～340.7 g;当番茄横径 h_t 为 85.0～94.3 mm 时,番茄质量 m 为 263.9～409.3 g。

表 2-6 番茄几何尺寸和质量的统计数据(周科宏,2022)

尺寸/mm	横径 h_t/mm	数量占比/%	纵径 h_v/mm	横径高 h_h/mm	质量 m/g	均重 m/g
65～70	65.2～69.5	14	54.7～63.0	34.4～47.0	122.3～163.0	144.7
70～75	70.0～74.7	18	54.7～65.4	34.1～52.0	129.6～201.6	176.4
75～80	74.7～79.7	27.3	55.5～72.4	35.5～50.2	166.6～255.3	210.1
80～85	80.0～84.4	18	58.2～77.0	39.3～52.6	206.0～340.7	261.7
85～90	85.0～89.8	16	62.6～77.2	38.4～56.3	263.9～375.4	302.8
90～95	90.6～94.3	6.7	67.5～78.3	43.7～53.7	332.7～409.3	362.2

二、番茄的摩擦特性

在测量番茄摩擦系数时,由摩擦力公式可知,当番茄放置在特定采摘表面的平板上,通过测得拉动果实的力值,从而得到番茄的摩擦系数。根据这一原理,结合质构仪能够观测下压力值的特点,只要在平板压头上附上特定材料,用拉力计拉扯观察力的大小,从而能计算出番茄的摩擦系数。但在测试中,由于果实不规则,容易造成测量的数据不精准,故在番茄摩擦系数测量时,选用了静置拉扯的方法。该方法由于在摩擦力测量时,番茄的重力始终向下且无变化,这就使得测量更加精准,同时由于果蔬本身质量较小,在拉力测量时,拉力值较小,这样较小的误差就会加大对试验结果的影响,而通过在番茄上施加重力,使整体力值增加,可减少误差。静摩擦系数计算公式如下:

$$\mu = \frac{F}{(G_C + G_W)} \tag{2-8}$$

式中:F—水平拉力,N;

    G_C—番茄果实和平板的重力总和,N;

    G_W—砝码的重力,N。

安徽科技学院材料成型与智能农机装备团队对番茄进行试验,测量其摩擦系数。在平台板和果蔬之间铺设需要测量弹性系数的材料,使用硅胶材料进行测试,并保证硅胶材料表面平整,厚度大于 3 mm,选用了 3M 的硅胶板,在番茄上施加一重力,果蔬和重物质量由电子秤进行测量,通过拉力计测量果蔬拖动时所需的拉力,番茄与拉力计采用绳带或胶带等连接。试验重复进行 10 组,最终取其平均值,试验如图 2-6 所示。

图 2-6　番茄摩擦系数试验

试验结果如表 2-7 所示。试验中重物的质量为 290 g,试验时要保持拖拽速度平稳,读取近似稳定状态下的数值,对数据波动较大的数值进行重新测量,对 10 个番茄进行 10 次测试,得到拉力值,再进行公式求解即可得到对应的果蔬摩擦系数。由上述试验可得到番茄的摩擦系数平均值为 0.89。

表 2-7　番茄摩擦系数实验结果

样品编号	1	2	3	4	5	6	7	8	9	10	平均值
样品质量/g	457.2	480.6	485.7	488.2	479.9	491.0	489.6	475.7	494.0	500.7	484.3
拉力/N	3.9	4.2	4.5	4.3	4.0	4.2	3.8	3.8	4.7	4.2	4.2

三、番茄的抗压特性

江苏大学周科宏(2022)对番茄的不同部位进行压缩试验。测试平台如图 2-7(a)所示,测试仪器为美国 FTC 公司的 TMS-TOUCH 质构仪,测试探头为直径 50 mm 的平面探头,探头表面覆盖一层由 Dragon Skin 30 制成的硅胶垫,硅胶垫的厚度为 3 mm,与安装在采摘末端执行器指腹的硅胶垫和分拣末端执行器底层的厚度相同。选择如图 2-7(b)所示的 5 个测试点进行测试,2 个相邻测试点相隔 45°,番茄顶部的测试点被标记为测试点 1,其余测试点沿逆时针标记,分别为测试点 2、测试点 3、测试点 4 和测试点 5,测试点 3 是番茄最大横轴直径的位置。

番茄的测试点通过德国科斯洛公司的量角器确定,然后将番茄放置在 3 mm 厚的硅胶垫上,测试点垂直向上,设置质构仪探头的位移为番茄尺寸的 30%,探头的加载速度为 30 mm/min,处于准静态范围内。测试前,用 2 个垂直挡板固定番茄以防止其倾倒,当番茄被探头稳定后,移除挡板。共测试 45 个番茄,将 45 个番茄均分为 5 组,分别测试 5 个测试点,记录测试过程中压力与位移的实时数据。

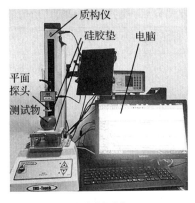
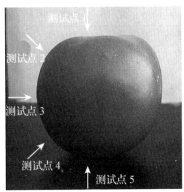

（a）测试平台　　　　　　　　　　　（b）测试点

图 2-7　压缩特性测试的测试平台和测试点(周科宏,2022)

番茄的压力-位移曲线如图 2-8 所示,当压力超过最大值 F_b 后,曲线振荡,压力迅速下降。压缩过程可分为三个阶段:弹性压缩阶段、损伤阶段和破裂阶段。处于弹性压缩阶段时,曲线的二阶导数大于 0,番茄未受损;处于弹性压缩阶段时,曲线的二阶导数小于 0,番茄明显变形;当压缩力达到破裂力 F_b 之后,番茄破裂。

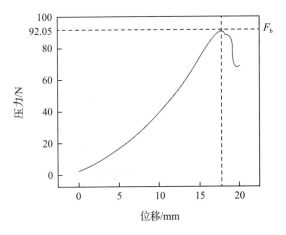

图 2-8　单个番茄的压力-位移曲线(周科宏,2022)

四、番茄的损伤特性

番茄的机械损伤有两种形式:当番茄果皮未破裂但细胞结构被破坏时,番茄被压部位产生酶促反应,颜色变深,同时番茄细胞的呼吸作用也变快,番茄失水较多并出现皱缩;当番茄果皮破裂时,内部组织暴露,番茄表面出现霉斑。

以受压番茄为试验样品,未受压番茄为对照样品。测试结果如图 2-9 所示,3 个未受压

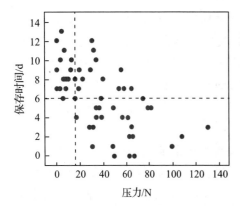

图 2-9　番茄的压力-保存时间散点图
（周科宏，2022）

番茄的保存时间分别为 7 d、9 d、12 d，考虑番茄个体差异，以 6 d 作为无损番茄的判定时间。从图 2-9 可以看出，压力越大，番茄的保存时间呈下降趋势，当压力小于 15.95 N 时，所有番茄的保存时间均大于 6 d。因此，番茄的最大无损夹持力 F_d 为 15.95 N。

通过方差分析评估压力、横径和质量对番茄保存天数的影响，取在 95% 的置信水平下的结果，如表 2-8 所示，因为压力的 P 值小于 0.05，所以压力和番茄的保存时间之间存在显著关系；因为横径和质量的 P 值大于 0.05，因此，番茄的横径、质量和保存天数之间的关系不显著。

表 2-8　番茄损伤测试的方差分析（周科宏，2022）

因变量	源	Ⅲ型平方和	自由度	均方	F 值	P 值
保存天数	校正模型	11.094[a]	15	0.740	3.326	0.001
	截距	57.938	1	57.938	260.569	0.000
	压力	8.434	5	1.687	7.586	0.000
	横径	1.816	5	0.363	1.633	0.173
	质量	0.490	5	0.098	0.440	0.818
	误差	9.116	41	0.222		
	总计	144.000	57			
	校正的总计	20.211	56			

注：a 表示 $R^2 = 0.549$（调整 $R^2 = 0.384$）。

五、番茄果柄的力学特性

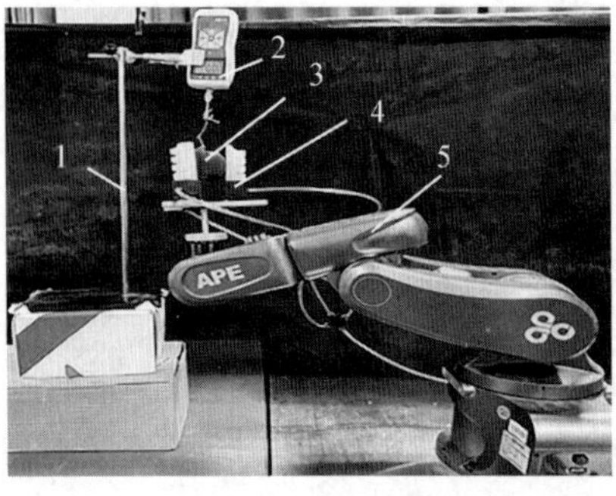

图 2-10　番茄果柄断裂特性测试平台
（周科宏，2022）
1. 支撑架；2. 拉力计；3. 番茄；
4. 末端执行器；5. 机械手

江苏大学周科宏（2022）研发的番茄果柄断裂特性测试平台如图 2-10 所示，以苏测公司的拉力计 SH-Ⅲ-100N 作为测试工具。将番茄竖直悬挂在拉力计的挂钩上，当番茄被无滑动夹持后沿轴线旋转，再竖直向下拉，取最大拉力作为果柄断裂力 F_s。当人工采摘番茄时，最大旋转角度为 540°，因此以 540° 作为测试的旋转角度。考虑到末端执行器夹持番茄时可能存在倾角，本测试取 0°、30°、60° 作为末端执行器的夹持倾角。每种情况各测试 10 次，记录每次测试的果柄断裂力 F_s。

通过方差分析评估末端执行器倾角对果柄断裂力的影响，取在 95% 置信水平下的结果，如表 2-9 所示。

由方差分析可知,倾角的 P 值大于 0.05,因此末端执行器倾角和果柄断裂力之间关系不显著。取最大果柄断裂力 F_s 作为末端执行器采摘指标,即 8.62 N。

表 2-9　番茄果柄断裂测试的方差分析(周科宏,2022)

因变量	源	Ⅲ 型平方和	自由度	均方	F 值	P 值
	校正模型	1.791[a]	2	0.895	0.188	0.829
	截距	1 142.180	1	1 142.180	240.367	0.000
果柄断裂力	倾角	1.791	2	0.895	0.188	0.829
	误差	114.044	24	4.752		
	总计	1 258.015	27			
	校正的总计	115.835	26			

注:a 表示 $R^2 = 0.015$(调整 $R^2 = -0.067$)。

第三节　猕猴桃的生物力学特征

猕猴桃果实垂直挂落在果树藤蔓上,果实表皮脆而硬,采摘过程中受到碰撞、挤压、冲击时易损伤,从而导致猕猴桃果实品质大大降低。研究猕猴桃果实、果梗的物理尺寸、抗压特性等,可以为果梗分离运动采摘末端执行器的机械结构设计提供理论依据。

一、猕猴桃的物理特性参数

猕猴桃物理形态参数主要包括:质量(G)、长度(L)、宽度(W)、厚度(T)等。各个参数的具体测量方法:质量(G)为猕猴桃果实自然采摘后去果梗的质量,长度(L)为果实竖直方向上的长度,宽度(W)为果实赤道带上较宽面的长度,厚度(T)为果实赤道带上较窄面的长度。西北农林科技大学王周宇(2019)随机选取 110 个样本进行各个参数的测量,每个尺寸从果实的 3 个不同方向进行 5 次测量,取均值作为测量结果,通过式(2-9)、式(2-10)分别计算猕猴桃果实的算术平均值 D_a、几何平均值 D_g。

$$D_a = \frac{(L + W + T)}{3} \tag{2-9}$$

$$D_g = \sqrt[3]{LWT} \tag{2-10}$$

式中:L—果实竖直方向上总长度,mm;

　　　W—果实赤道带上较宽面长度,mm;

　　　T—果实赤道带上较窄面长度,mm;

　　　D_a—果实的算术均值,mm;

　　　D_g—果实的几何平均值,mm。

试验使用杭州恒利达称重设备有限公司生产的电子秤(量程范围 0～1 kg,精度为0.01 g),测量猕猴桃果实质量(g),猕猴桃物理尺寸统计如表 2-10 所示。

表 2-10 猕猴桃物理尺寸(王周宇,2019)

参数	长/mm	宽/mm	厚/mm	质量/g	长宽积/mm²	长厚积/mm²	几何均值/mm	算术均值/mm
极大值	76.62	64.52	58.14	143.60	4 943.52	4 454.69	66.42	65.99
极小值	54.52	48.76	40.62	73.20	2 658.40	2 214.60	47.97	47.61
极差	22.10	15.76	17.52	70.40	348.29	387.19	18.46	18.27
均值	66.04	55.10	47.70	102.24	3 638.80	3 150.11	56.28	55.78
标准差	3.82	2.61	2.42	12.40	903.02	862.49	2.94	3.02
方差	14.57	6.79	5.84	153.86	815 442.49	743 882.76	8.66	9.14

试验结果表明,猕猴桃长度分布区间为 54.52~76.62 mm,宽度分布区间为 48.76~64.52 mm,厚度分布区间为 40.62~58.14 mm,几何均值为 56.28 mm,算术均值为 55.78 mm。

二、猕猴桃表面硬度

(a) 宽径面

(b) 窄径面

(c) 果萼面

(d) 连接面

图 2-11 猕猴桃果实表面划分
(王周宇,2019)

为测量猕猴桃各部位平均硬度,西北农林科技大学王周宇(2019)随机选取 80 颗猕猴桃,分为 8 组,每组 10 颗。将猕猴桃简化为球体,依据球体纬度不同将猕猴桃果实划分为以下主要部位:宽径面、窄径面、果萼面、连接面。其示意图如图 2-11 所示。

测量方法按照 GY-4 数显式水果硬度仪的使用说明操作,将猕猴桃果实表面部位划分后,进行标记,选取直径为 11 mm 的测头,将猕猴桃测量表面削去 1 cm²,测量时使待测表面中心与硬度仪测杆连成一直线,完成测前准备后,按"开机"键打开电源,待液晶显示屏显示稳定后,按"峰值"进入峰值测量模式。将手柄压下使测头对正果肉处,均匀压入,至刻线处,完成测量。选取单个猕猴桃果实的四表面分布均匀且无缺陷的 4 个测试点,将所取测试点的硬度均值作为所划分表面的硬度值。

猕猴桃各部位平均硬度测量结果如表 2-11 所示。

表 2-11 猕猴桃各部位硬度参数(王周宇,2019) kg/cm²

参数	宽径面	窄径面	果萼面	连接面
最大值	8.43	8.39	8.57	8.42
最小值	8.13	8.18	8.31	8.28
平均值	8.29	8.24	8.37	8.33
标准差	0.02	0.01	0.02	0.01
变异系数	0.02	0.01	0.02	0.01

结果表明,猕猴桃硬度相对较大的区域为果萼面,硬度值为 8.37 kg/cm^2,接下来依次为连接面(8.33 kg/cm^2)、宽径面(8.29 kg/cm^2)、窄径面(8.24 kg/cm^2)。各面硬度最大差值为 0.13 kg/cm^2,说明猕猴桃果实表面所划分区域的硬度值差距较小。

三、猕猴桃的弹性模量

西北农林科技大学王周宇(2019)采用 HY-230 衡翼仪器微控电子万能试验机,该仪器支持进行拉伸、剪切、弯曲、撕裂和压缩试验等。测量试验采取刚性平板压缩方式,猕猴桃去皮后,将外果肉与内果囊分离,均用小刀处理成 10 mm×10 mm×10 mm 的正立方体。试验机下压板固定不动,其上压板以恒定加载速度(10 mm/min)垂直下压,直至猕猴桃破裂。

在进行外果肉的弹性模量测试时,试验样本取自去皮后的猕猴桃果实赤道部位,从随机挑选、品相完好的猕猴桃中沿果实赤道部进行均匀四部分划分取样,进行弹性模量的测量。在进行内果囊的弹性模量测试时,试验样本取自猕猴桃果实剔除外果肉之后的中心部分,该部分颜色相对偏黄,内果囊部分材质紧密。在去除外表皮的外果肉中取测样本,如图 2-12 所示。每组进行 20 次重复试验。

 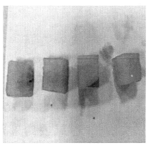

（a）切取部位　　　　　　（b）所取样本

图 2-12　试验材料(王周宇,2019)

外果肉与内果囊的弹性模量 E 可采取式(2-11)计算:

$$E = \frac{\sigma}{\varepsilon} = \frac{F/A}{\Delta L/L} = \frac{F/bt}{\Delta L/L} \tag{2-11}$$

式中:σ—压应力,MPa;

ε—应变;

F—压力,N;

ΔL—试样绝对压缩量,mm;

L—试样原长,mm;

A—试样横截面积,mm^2;

b—试样宽度,mm;

t—试样厚度,mm。

绘制猕猴桃外果肉与内果囊的压力-变形曲线分别如图 2-13 和图 2-14 所示。

由外果肉压力-变形曲线可知外果肉受压时,其压力与变形曲线为非线性曲线,存在屈服点,利用压缩试验数据得到弹性阶段其外果肉弹性模量为 0.53 MPa。由猕猴桃内果囊压力-变形曲线可知内果囊受压时的曲线同样为非线性曲线,从压缩试验数据可知在弹性阶段,其内果囊弹性模量为 15.06 MPa。说明在跌落碰撞过程中,外果肉与内果囊在受到相同外力作用下,外果肉比内果囊更易于变形,受压极限也更小。

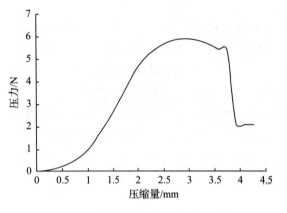

图 2-13　猕猴桃外果肉压力-变形曲线
（王周宇,2019）

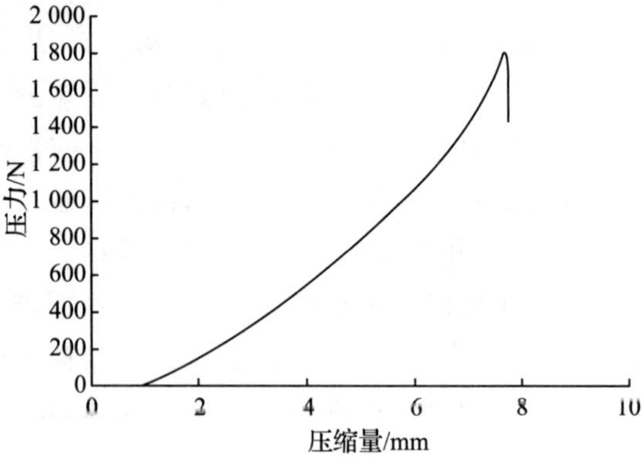

图 2-14　猕猴桃内果囊压力-变形曲线
（王周宇,2019）

四、猕猴桃的损伤特性

西北农林科技大学戎毫(2019)选取 100 个猕猴桃,按每组 20 个果实分为 5 组,每组设定的加载力分别为 10 N、15 N、20 N、25 N、30 N,采用 HY-230 衡翼仪器微控电子万能试验机分别对每组猕猴桃果实的长度(果梗到果蒂的方向)、大径(果梗面椭圆形状中的长轴方向)、小径(果梗面椭圆形状中的短轴方向)3 个不同方向进行加载试验,同时设置一组未经处理的为对照组每组重复 5 次,加载速率设置为 100 mm/min,并对受加载处进行标记处理。果实标记处理完成后存放在冷藏柜贮藏,平均温度为 8 ℃,选择在贮藏 30 d 后用刀片剥开受加载处果实果皮,肉眼观察损伤情况。

猕猴桃果实将出现如下损伤:①在贮藏过程中出现轻微损伤;②果实表皮出现局部凹陷;③剥皮后出现组织溃烂或白点;④果肉变为棕褐色。以上述 4 项损伤指标为依据,进行果实损伤检测。

30 d 后剥开果实的果皮进行损伤观察统计,果实损伤率是以猕猴桃果实的损伤数量与猕猴桃样本数量的比值来确定,通过果实损伤检测,受损果实出现了不同程度的表皮局部凹陷、果肉出现白点、组织溃烂和果肉变色等现象,果实损伤统计情况如表 2-12 所示。

表 2-12　不同受力下果实损伤统计(戎毫,2019)　　　　　　　　个

加载方向	10 N	15 N	20 N	25 N	30 N
长度	1	3	6	8	8
大径	1	2	4	6	7
小径	0	1	3	4	5
对照组	18	14	7	2	0

对果实损伤结果进行统计得到果实受不同加载方向、不同加载力时损伤率变化和果实受不同加载力与总损伤率的变化分别如图 2-15、图 2-16 所示。

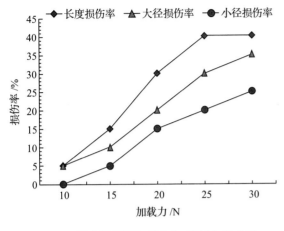

图 2-15 果实受不同加载方向、不同加载力时损伤率变化（戎毫，2019）

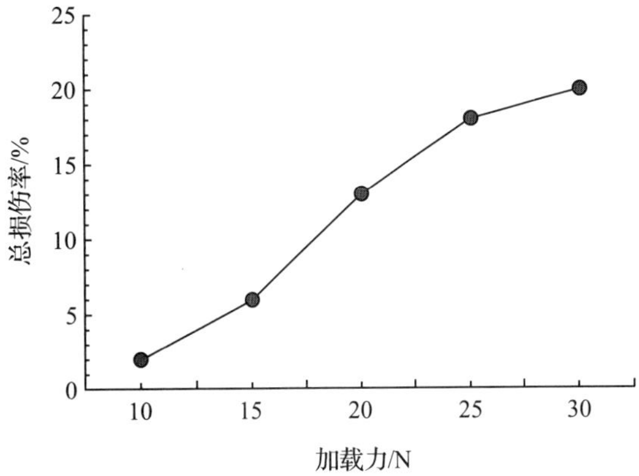

图 2-16 果实受不同加载力与总损伤率变化（戎毫，2019）

由图 2-15 可知，果实小径方向的损伤率小于大径方向损伤率，大径方向的损伤率小于长度方向损伤率，即果实长度、大径和小径方向抗压强度从大到小依次为小径＞大径＞长度。

由图 2-16 可知，在加载力与损伤率的相应关系中可以得出，随着加载力的增加，果实的损伤率也随之增加，加载力与损伤率两者之间呈线性关系。当加载力从 10 N 加载至 15 N 时，损伤率从 2％增长到 6％，增长并不明显，但加载力从 15 N 增加到 20 N 时，果实损伤率从 6％增加至 13％，果实损伤明显。由此可知，当加载力处于 10～15 N 之间时，损伤并不明显；当加载力超过 15 N 时，损伤率明显增加，因此猕猴桃所能承受的加载力不宜大于 15 N。

第四节 柑橘的生物力学特征

采摘末端执行器采收柑橘果实的过程主要由夹持和剪切两个动作组成。采摘末端执行器在夹持柑橘果实时极易对其造成机械损伤，而所产生的损伤主要存在于柑橘果皮内部，肉眼难以发现，从而导致柑橘果实的贮存时间缩短。为了预测末端执行器在采摘时对柑橘的机械损伤，对柑橘果实的相关特性的研究至关重要。

一、柑橘的物理特性参数

四川农业大学黎梦婷（2022）以赣南脐橙为试验材料，选取 100 个成熟带果梗、果型无畸形且品相完好的脐橙果实，并随机分为 5 组作为试样。将果实与果梗分离，果梗需无破皮、破裂。

柑橘果实大多呈椭球形，取纵径（a）、大径（b）、小径（c）、果皮厚度（d）对柑橘整果尺寸进行描述，如图 2-17 所

图 2-17 柑橘尺寸（黎梦婷，2022）

示。将上述 5 组样品用数显游标卡尺分别测量出柑橘果实的纵径、大径、小径、柑橘果梗直径(f），每组数据重复测量 3 次，并通过式(2-12)计算出柑橘果实的球度(Φ)；用数字电子秤称出柑橘果实质量(m)。将测量值统计完成后取平均值作为最终结果。

$$\Phi = \frac{\sqrt[3]{abc}}{a} \tag{2-12}$$

从 5 组样品中每组随机选取 3 个柑橘进行果皮密度、果肉密度以及果皮厚度的测定；使用数显游标卡尺测量出果皮厚度；采用浸液法测定柑橘果皮与果肉的密度，每组重复测定 3 次，如图 2-18 所示。

（a）果皮密度测定　　　（a）果肉密度测定

图 2-18　浸液法测定果肉及果皮密度（黎梦婷，2022）

通过式(2-13)计算出柑橘果皮及果肉密度：

$$\rho = \frac{m_1 \rho_1}{m_2 - m_3} \tag{2-13}$$

式中：ρ——果皮、果肉密度，kg/m^3；

ρ_1——水的密度，kg/m^3；

m_1——果皮或果肉质量，kg；

m_2——烧杯、水及果皮或果肉的质量和，kg；

m_3——烧杯及水的质量和，kg。

将测得的柑橘果实数据采用数据分析软件 SPSS 26.0 进行统计分析，分析结果如表 2-13 所示。

表 2-13　柑橘果实物理参数统计表（黎梦婷，2022）

参数	极小值	极大值	极差	均值
纵径(a)/mm	75.12	90.29	15.17	77.96
大径(b)/mm	70.84	81.06	10.22	74.43
小径(c)/mm	68.42	80.02	11.60	72.55
重量(m)/g	181.32	240.80	59.48	213.32

续表2-13

参数	极小值	极大值	极差	均值
球度(Φ)/%	0.88	0.99	0.11	0.94
果皮厚度(d)/mm	1.98	3.91	1.93	2.35
果皮密度(ρ)/kg/m³	1 019.00	1 021.00	2.00	1 019.00
果肉密度(ρ)/(kg/m³)	977.00	979.00	3.00	978.00
果梗直径(f)/mm	2.84	6.28	3.44	3.94

二、柑橘的压缩特性

四川农业大学黎梦婷(2022)从 5 组样品中随机选取 18 个柑橘平均分为 2 组,作为柑橘整果与果肉压缩试验对象。将每组 9 个柑橘随机分为 3 个一小组进行编号,如表 2-14 所示。采用 TA.XTC-18 质构仪对柑橘整果、果肉进行压缩试验,压头选用直径为 30 mm、高 37 mm 的圆柱压头,压头初始高度设定高于试样表面 5 mm。

表 2-14　柑橘压缩试验样品尺寸(黎梦婷,2022)　　　　　mm

压缩对象	压缩方向	编号			平均值
		1	2	3	
整果	纵径	77.34	76.05	75.99	76.46
	大径	74.78	73.54	75.31	74.54
	小径	71.83	73.07	72.83	72.58
果肉	纵径	71.01	70.78	71.33	71.04
	大径	68.27	67.81	68.13	68.07
	小径	65.68	68.53	66.59	66.93

柑橘整果压缩如图 2-19 所示,下压高度设定为 40 mm(接触到柑橘时向下压 40 mm),下压速度设为 20 mm/min,压头分别从纵径、大径、小径方向压缩柑橘整果。纵径、大径、小径方向柑橘整果压力-位移关系曲线如图 2-20 所示。由图 2-20 可知,随着下压位移增加,柑橘整果上载荷不断增大,达到某个极限值时,载荷出现不平稳下降。取图上第一个峰值点为柑橘果实压缩抗力点,试验结果如表 2-15 所示。柑橘整果破坏位移与破坏力为三个方向上的平均值,即柑橘整果破坏位移为 26.50 mm、破坏力为 141.65 N。

图 2-19　柑橘整果压缩试验
(黎梦婷,2022)

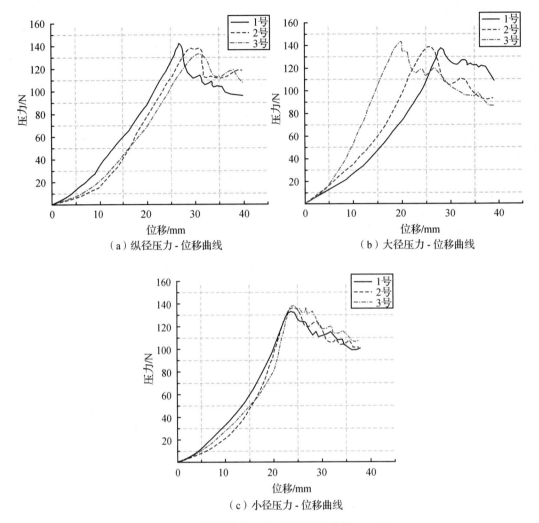

（a）纵径压力 - 位移曲线　　　　　　（b）大径压力 - 位移曲线

（c）小径压力 - 位移曲线

图 2-20　柑橘整果压力-位移图（黎梦婷，2022）

表 2-15　柑橘整果压缩结果（黎梦婷，2022）

压缩方向	柑橘整果破坏位移与载荷	编号			平均值
		1号	2号	3号	
纵轴	破坏位移/mm	26.70	30.95	30.66	29.23
	破坏力/N	142.41	138.01	132.93	137.78
大径	破坏位移/mm	28.78	26.07	20.47	25.11
	破坏力/N	141.22	141.88	147.03	143.38
小径	破坏位移/mm	24.84	25.06	25.55	25.15
	破坏力/N	140.88	144.09	146.39	143.79

三、柑橘果皮拉伸特性

对长 50 mm、宽 15 mm、厚 2.18 mm 的柑橘果皮使用 WDW-05 型微机控制电子万能材料试验机进行拉伸,如图 2-21 所示。将果皮使用夹具夹住,下端夹具固定,上端夹具移动速度设置为 20 mm/min,直到果皮断裂,得到的柑橘果皮力-位移曲线如图 2-22 所示。

图 2-21　WDW-05 型微机控制电子
万能材料试验机(黎梦婷,2022)

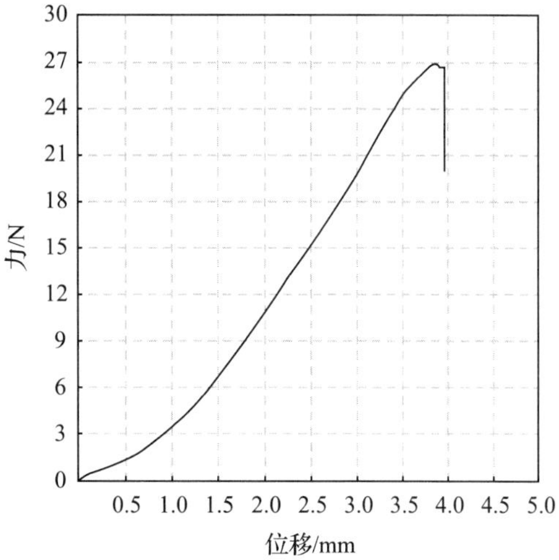

图 2-22　柑橘果皮力-位移曲线图
(黎梦婷,2022)

由图可得,在果皮拉伸初始阶段,力与位移呈线性关系,随着拉伸位移的增加,果皮破裂,拉力下降。果皮破裂时拉力为 26.91 N,果皮彻底断裂时拉力为 26.68 N,果皮绝对拉伸长度为 3.77 mm。

四、柑橘果梗剪切特性

试验(黎梦婷,2022)随机选取 8 根不同直径区间分布的果梗作为试验对象(其中包括样品中直径最大的果梗)。将柑橘果梗放在质构仪载物台上,果梗轴向与切刀探头垂直放置,以 20 mm/min 下切速度切割果梗,直到果梗断裂为止。柑橘果梗剪切力试验如图 2-23 所示。

图 2-23　果梗剪切力试验
(黎梦婷,2022)

试验结果如表 2-16 所示,由表可知试验果梗剪切力为 60.48~156.31 N。为了保证柑橘果实的成功收获,剪切机构的剪切力最小应为 156.31 N。

表 2-16　柑橘果梗剪切力测定结果(黎梦婷,2022)

试样编号	1	2	3	4	5	6	7	8
果梗直径(d)/mm	2.84	3.25	3.89	4.08	4.66	5.35	5.86	6.28
剪切力(F)/N	60.48	68.13	69.84	70.47	80.07	100.29	111.73	156.31

参 考 文 献

陈思宇,2022. 苹果力学损伤特性研究及采收试验平台设计[D]. 沈阳:沈阳农业大学.

黎梦婷,2022. 柑橘采摘软体末端执行器的设计与试验[D]. 绵阳:四川农业大学.

李智国,2011. 基于番茄生物力学特性的采摘机器人抓取损伤研究[D]. 镇江:江苏大学.

戎毫,2019. 基于果梗分离采摘方式的猕猴桃采摘末端执行器研制[D]. 杨凌:西北农林科技大学.

王周宇,2019. 猕猴桃采摘机器人自动搬运装箱装置的设计与研究[D]. 杨凌:西北农林科技大学.

周科宏,2022. 番茄抓取机器人末端执行器研究与设计[D]. 镇江:江苏大学.

第三章　设施农业机器人底盘

第一节　设施农业机器人环境感知

一、感知概述

(一)感知的概念

感知是指个体对于周围环境信息的获取、处理和理解的过程,它涉及人们通过感觉器官(如视觉、听觉、嗅觉、味觉和触觉等)接收外界刺激的能力,并将这些刺激转化为可理解的神经信号和认知表征。感知过程包括感知注意、感知选择、感知组织和感知解释等环节,这些过程一起构建对于外界环境的认知和理解,机器人与人类反应机制对应关系如图3-1所示。感知是人类与世界互动的基础,也是认知和行为的基础。

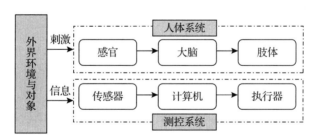

图 3-1　机器人与人类反应机制对应关系

(二)环境感知的概念

环境感知是指个体对周围环境的感知和理解。它包括对环境中的物体、场景、声音、气味和其他感官刺激的感知。环境感知对于个体的生存和适应非常重要,它帮助我们了解周围的空间结构、识别危险和机遇,并指导个体的行为和决策,人与机器的环境感知如图3-2所示。

(三)环境感知的作用

环境感知可以通过不同的感官通道进行,比如视觉感知、听觉感知、嗅觉感知等。通过这些感官信息,我们能够感知到物体的位置、形状、颜色、大小以及周围的声音、气味等。同

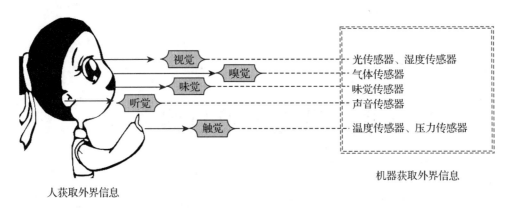

图 3-2 人与机器的环境感知

时也可以感知环境中的运动、变化和关系,并将这些信息整合在一起,形成对环境的整体认知。

环境感知在各个领域都有广泛的应用,比如自动驾驶汽车需要通过环境感知来检测道路、车辆和行人;虚拟现实技术可以通过环境感知来模拟真实的场景和体验;智能家居系统可以通过环境感知自动调整温度、照明等环境参数。总之,环境感知是理解和适应周围环境的基础。

(四)环境感知的应用

环境感知一直是非常经典的研究热点之一,诸多学者和研究机构针对环境感知中的科学问题进行了深入研究。环境感知算法针对不同的应用场景有着不同的研究侧重点,比如测绘、AR/VR 等领域,需要将实际环境的几何、色彩等特征细节尽可能详细地展示出来,对实时性要求可以不用太高;对于轮式机器人运动规划而言,环境感知更侧重地图占用内存应尽可能小、地图重建效率及定位精度应尽可能高,辅助将地图中移动障碍物标记出来,并测量移动障碍物的运动速度及其运动轨迹等。

移动机器人运动行为是由自主导航系统决定的,自主导航系统主要包含感知、规划、控制与定位四个模块。感知模块是连接机器人与环境的桥梁,其作用是"阅读、提取"环境内容,思路是使用各种环境感知传感器获取机器人周围环境的原始数据,通过感知算法提取目标特征,最终目的是让机器人知道自己在环境中的位置,知道自己周围环境情况,以及环境中的内容是什么含义,这些内容之间是什么联系。规划模块是连接感知与控制的桥梁,其作用是"分析、理解"环境内容,并输出可执行控制命令。因此,感知、规划模块是决定导航系统智能程度的关键。

感知阶段主要由传感器负责,机器人的控制系统相当于人类大脑,执行机构相当于人类四肢,传感器相当于人类的五官。因此,要让机器人像人一样接收和处理外界信息,传感器技术是机器人智能化的重要体现。通过传感器的感觉作用,将机器人自身的相关特性或相关物体的特性转化为机器人执行某项功能时所需要的信息。根据传感器在机器人上应用的目的和使用范围不同,可分为内部传感器和外部传感器。内部传感器用于检测机器人自身状态(如手臂间角度、机器人运动过程中的位置、速度和加速度等);外部传感器用于检测机器人所处的外部环境和对象状况等,如抓取对象的形状、空间位置、有没有障碍、物体是否滑落等。

设施农业机器人经常使用的是激光雷达、惯性测量传感器、视觉传感器等。

二、激光雷达

激光雷达通过持续不断地发射激光束,激光束遇到障碍物会产生反射,部分反射会被激光雷达传感器再次接收,通过测量激光束发送和返回传感器的耗时可以获得周围物体距离激光雷达的距离。除了距离之外,激光雷达还返回反射强度,不同的障碍物材质反射的激光束强度不同。同时依据需求,发射更高线束还可有单线及多线激光雷达,实现 2D 与 3D 的环境感知。

(一)工作原理

1. 三角测距

激光器发射激光,在照射到物体后,反射光由线性电荷耦合器件(charge coupled device,CCD)作为接收器接收,由于激光器和探测器间隔了一段距离,所以依照光学路径,不同距离的物体将会成像在 CCD 不同的位置。按照三角公式进行计算,就能推导出被测物体的距离。但随着物体距离不断变远,反射激光在图像传感器上的位置变化会越来越小,也会越来越难以分辨。这正是三角测距的一大缺点,物体距离越远,测距误差越大。

2. TOF 测距

TOF(time of flight)测距是利用发射和接收激光时间差来计算探测距离。激光器发出激光时,计时器开始计时;接收器接收计时器反射回来的激光时,计时器停止计时。TOF 测距得到激光传播的时间后,基于光速一定这个条件,可计算出激光器到障碍物的距离。由于光速太快,获取精确的传播时间难度较大,所以这种激光雷达成本也会高很多,但是其测距精度很高。

(二)激光雷达分类

1. 单线激光雷达

单线激光模组和旋转机构构成了单线激光雷达,单线激光雷达扫描点通常处在同一平面上的 360°范围内,因此也称 2D 激光雷达,如图 3-3 所示。

2. 多线激光雷达

单线激光雷达只能扫描同一平面上的障碍信息,也就是环境的某一个横截面的轮廓,这样扫描的数据信息有限。在垂直方向同时发射多束激光,再结合旋转机构,就可扫描多个横截面轮廓,这就是多线激光雷达,也称 3D 激光雷达,如图 3-4 所示。

图 3-3　单线激光雷达

图 3-4　多线激光雷达

3. 其他激光雷达

除了上面常见的单线激光雷达和多线激光雷达,还有一些特殊的激光雷达,如固态激光雷达、单线多自由度旋转激光雷达等。

固态激光雷达(图 3-5)的扫描不需要机械旋转部件,而是用微机电系统、光学相控阵、脉冲成像等技术替代。固态激光雷达的优点是结构简单、体积小、扫描精度高、扫描速度快等,缺点是扫描角度有限、核心部件加工难度大、价格昂贵等。

单线多自由度旋转激光雷达能够扫描一个截面上的障碍点信息,如果将单线激光雷达安装到云台上,单线激光雷达原来的扫描平面在云台旋转带动下就能扫描三维空间的障碍点信息,这就是单线多自由度旋转激光雷达,如图 3-6 所示。然而由于激光模组在多自由度下旋转扫描,同一帧的扫描点存在时间不同步的问题,在激光测距模组的测距频率一定的条件下,多轴旋转使得扫描点的空间分布变得更加稀疏。

图 3-5　固态激光雷达

图 3-6　单线多自由度旋转激光雷达

三、惯性测量传感器

(一)陀螺仪传感器

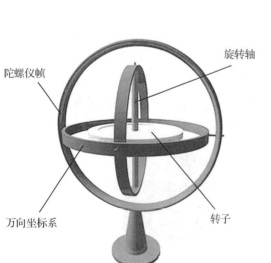

图 3-7　陀螺仪传感器

陀螺仪传感器(图 3-7)的工作原理是一个旋转物体的旋转轴所指方向在不受外力的影响时是不会改变的。根据这个道理,用它来保持方向,然后用多种方法读取旋转轴所指示的方向,并自动将数据信号传给控制系统。自行车也是利用了这个原理,轮子转得越快,自行车越容易保持平衡,因为车轴在运动时具有保持水平的力。现代陀螺仪可以精确地确定运动物体的方位,是在航海、航空航天和国防工业中广泛使用的一种惯性导航仪器。

（二）加速度传感器

加速度传感器是一种能够测量加速度的传感器，通常由质量块、阻尼器、弹性元件、敏感元件和适调电路等部分组成。在设备加速移动的过程中，加速度传感器通过对质量块所受惯性的测量，利用牛顿第二定律计算出设备的加速度以及方向。此外，根据敏感元件的不同，常见的加速度传感器包括电容式、电感式、应变式、压阻式、压电式等。

四、视觉传感器

不同于雷达传感器，视觉传感器有着类似于人眼的结构，是整个机器人视觉系统中视觉信息的直接来源，通常由一个或两个图像传感器组成，有时还需要配以光投射器及其他辅助设备。视觉传感器的主要功能是获取足量的机器人视觉系统要处理的最原始的图像。视觉传感器包括单目相机和多目相机等。

（一）单目相机

单目相机其实就是大家通常说的摄像头，由镜头和图像传感器（CMOS 或 CCD）构成，如图 3-8 所示。摄像头利用了小孔成像原理，成像信息由图像传感器转换成数字图像输出。利用对应的摄像头驱动程序，就可以读取并显示该数字图像。受摄像头制造偏差等因素的影响，原始的数字图像存在畸变问题，需要对摄像头进行标定。图像数据可以被压缩成不同的形式，便于传输和访问。

（二）多目相机

多目相机使用多个摄像头，不同于单目相机，多目相机可以测量深度信息，也可称双目深度相机，如图 3-9 所示。

图 3-8　单目相机

图 3-9　多目相机

第二节　底盘的运动与控制

一、底盘控制系统

党的二十大报告指出，推动战略性新兴产业融合集群发展，构建新一代信息技术、人工智能、生物技术、新能源、新材料、高端装备、绿色环保等一批新的增长引擎。构建优质高效的服务业新体系，推动现代服务业同先进制造业、现代农业深度融合。农业机器人底盘控制系统是一个综合应用传感器、定位导航、运动控制、碰撞检测避障等技术的先进系统，旨在实现农业机器人的自主移动和精准作业。系统采用高精度的传感器技术，能够实时感知周围环境，为机器人提供准确的信息，从而实现精确定位和导航。同时，系统还采用运动控制技术，能够实现机器人的平稳、快速、准确运动，从而确保作业的精准度和效率。此外，系统还具备碰撞检测避障功能，能够实时检测机器人是否与障碍物发生碰撞，并及时采取避障措施，从而保护机器人和农业生产的安全。农业机器人底盘控制系统主要由以下部分组成。

(一)传感器

底盘控制系统通常配备各类传感器，诸如激光雷达、摄像头以及超声波传感器等，它们像是机器人的感知器官，用于感知周围的环境和识别障碍物。这些传感器拥有高精度和高灵敏度，能够提供准确无误的信息，使机器人能够感知周围环境中的变化和障碍物的存在。

(二)定位与导航

底盘控制系统利用诸如全球导航卫星系统(GNSS)和惯性导航系统(INS)等定位技术来确定机器人当前的位置，并通过路径规划算法这一聪明的"大脑"找出机器人行驶的最佳路径。这些定位和导航技术能够实现高精度的定位和导航，使机器人进行精确的路径规划和行驶。

(三)运动控制

底盘控制系统担当着控制机器人底盘运动的责任，包括速度控制、转向控制以及加减速控制等。常见的控制方法诸如 PID 控制、模糊控制以及反馈控制等，这些控制方法能够实现精确运动控制，确保机器人的运动稳定、准确而又流畅。

(四)碰撞检测与避障

底盘控制系统就像是一双敏锐的眼睛，能够利用传感器来检测机器人与障碍物的距离和位置，通过精妙的算法来判断是否会发生碰撞，并采取相应的措施进行避障，如停止、减速或是绕行等。这些碰撞检测和避障技术能够使机器人对障碍物进行准确的识别和避开，确保机器人的安全行驶。

(五)用户接口

为了方便操作和监控，底盘控制系统通常还包括一个用户界面，架起机器人与人之间的桥梁，可以通过它来进行交互，无论是触摸屏还是手机 App 都可以实现。这些用户接口要设计的友好且易于操作，能提供实时的监控信息以及操作控制，让用户可以轻松地对机器人进行各种设置和调整。

总体而言，农业机器人底盘控制系统如同一个融合了各种先进技术的"智慧大脑"，它集成了传感器、定位与导航、运动控制、碰撞检测与避障以及用户接口等技术，可以自主移动并高效作业。这些技术的应用让农业机器人更加智能化，使其能够在各种复杂的环境中游刃有余地进行作业，为农业机器人的自主移动和作业提供强有力的支持。

二、控制系统通用控制器

底盘控制系统通用控制器是一个用于控制各种类型农业机器人底盘的通用控制设备。该控制器通常是一个硬件设备，具有强大的计算和控制能力，可以与各种传感器和执行器进行数据交互和控制。通用控制器的主要功能包括通信接口、控制算法、多传感器融合、状态监测与故障诊断以及扩展性和可定制性等。

（一）通信接口

通用控制器通常具备多种通信接口，如串口、控制器局域网总线（CAN 总线）、以太网等，能够实现与传感器和执行器之间的数据传输。这些通信接口的应用范围广泛，可以满足不同设备之间的通信需求。通过这些接口，通用控制器可以接收来自传感器的各种数据，如温度、压力、位置等，同时也可以向执行器发送指令，控制设备的动作或调节设备的参数。这种灵活的通信能力使得通用控制器在自动化控制系统中扮演着重要的角色。

（二）控制算法

通用控制器内部集成了众多底盘控制算法，例如，用于速度控制的 PID 算法，用于转向控制的卡尔曼滤波算法，以及用于路径规划的 Dijkstra 算法等。这些算法在接收到来自传感器的数据后，能够快速且精准地计算出对底盘的控制指令，从而实现精确的控制。这些算法不仅具有高度的通用性，还可以根据不同的场景和需求进行灵活的配置和优化，以满足各种复杂环境下的操作要求。

（三）多传感器融合

通用控制器可同时接收多个传感器的数据，借助融合算法的强大处理能力，将数据细致打磨，以提供更精确的环境感知和位置估算。这一技术为农业机器人移动底盘带来更敏锐的感知能力，从而使其从容应对复杂的道路环境。

在实现多传感器融合的过程中，通用控制器算法设计者应充分考虑不同传感器的优势与局限性。例如，雷达能够精准提供距离和速度信息，却可能无法清晰识别出行人或交通信号，而激光雷达则能够提供高精度的三维环境信息，却可能因天气或光照条件而受到干扰。因此，通用控制器需采用先进的融合算法，将不同传感器的数据融会贯通，以提供全面、准确的环境感知和位置估算。

多传感器融合技术的优势在于它可以提高农业机器人移动底盘的感知精度和可靠性。通过同时接收并处理来自多个传感器的数据，通用控制器可降低单一传感器可能产生的误差，提高整体感知的准确性和稳定性。此外，多传感器融合还能提供更丰富的信息内容，包括但不限于农业机器人周围物体的类型、速度、方向等，从而帮助农业机器人做出更准确、更安全的驾驶决策。

（四）状态监测与故障诊断

通用控制器可以实时监测底盘的状态，如电池电量、电机温度等，并根据设定的规则进行故障诊断和报警。

（五）扩展性和可定制性

通用控制器通常具有良好的扩展性，可以根据具体农业机器人的需求进行定制和扩展，以适应不同的应用场景。

需要注意的是，由于农业机器人底盘的种类繁多，通用控制器可能需要针对不同类型底盘进行适配和配置，以确保控制的稳定性和准确性。

三、转向操纵控制

农业机器人移动底盘的转向操纵控制，是对底盘转向操作进行控制的精密过程。这些转向操纵控制方法，可根据农业机器人移动底盘的设计与需求进行挑选和应用。通过结合传感器数据和控制算法，例如，闭环控制和路径规划等技术，可以实现更精确、更稳定的转向控制。以下介绍几种常见的农业机器人移动底盘转向操纵控制方法。

（一）差速转向

差速转向是一种常见的转向控制方法，通过控制左右两侧驱动轮的速度差异来实现转向。当一侧驱动轮速度降低（或停止转动），而另一侧驱动轮保持恒定速度时，底盘就会发生转向。这种控制方式在农业移动底盘中得到广泛应用，因为它能实现平滑而精确的转向，适用于各种不同的地形和环境条件。

（二）舵轮控制

舵轮控制是另一种常见的转向控制方法，通过底盘上的一个或多个舵轮进行转向操作。舵轮通常位于底盘的前部或后部，通过改变舵轮的角度来改变底盘的方向。这种控制方式具有高精度和灵活性，适用于需要快速响应和精确操控的农业移动底盘。

（三）扭杆操纵

扭杆操纵是一种机械操纵方式，通过操纵扭杆来改变底盘转向。扭杆的连接杆和机械传动系统将操纵力量传递到底盘的转向部件，实现转向操纵。这种控制方式在农业移动底盘中较为常见，尤其适用于需要频繁转向操作的场合，因为它具有结构简单、易于维护和可靠性高等优点。

（四）电动操纵

电动操纵是一种通过电动执行器来控制转向的方式。通过电机、减速器和传动装置，将电动执行器的旋转转化为底盘的转向运动。这种控制方式具有节能环保、响应速度快和可靠性高等优点，在农业移动底盘中逐渐得到广泛应用。

四、导航决策控制

导航决策控制是指在农业机械化作业中通过对移动底盘的导航、决策和控制，实现农田作业的自主性和智能化。农业移动底盘导航决策控制的目标是提高农田作业的效率和精度，减少资源的浪费，并降低人工操作的负担。这一技术的应用广泛涉及农业生产的各个环节，如播种、施肥、喷药、田间管理等。

（一）导航系统

利用全球卫星导航系统（GNSS）等技术，获取移动底盘的位置信息，并提供准确的定位服务。导航系统可以帮助底盘规划路径、避开障碍物，并精确控制底盘的运动轨迹。

（二）决策系统

基于传感器、图像识别等技术，采集农田的实时数据，如土壤湿度、气象信息、作物状况等，决策系统通过分析和处理这些数据，实现底盘作业的智能决策。例如，在播种作业中，底盘可以根据土壤湿度和气象信息,自动调整播种的密度和深度。

(三)控制系统

根据导航和决策系统的信号,控制底盘的运动和作业设备的工作状态。通过自动化控制,可以实现底盘的精准导航、作业设备的自动开启和关闭、作业参数的调整等功能。

五、执行机构控制

精湛的农业移动底盘执行机构控制技术能赋予农业机械移动底盘生命力,使其根据不同的作业需求灵活地完成各种动作。该技术可协调驱动系统、制动系统、悬挂系统等各个核心部件,使其协同工作,犹如一支默契的交响乐团,推动农田作业的效率和精度达到新的高度。

(一)驱动系统控制

驱动系统控制通过精确的调控,激发出底盘的强大动力,精确地控制着每个驱动系统的转速和转向角度。

(二)制动系统控制

在制动系统控制下,底盘能够快速、准确地停车,保持在固定位置。制动系统控制守护底盘的安全,防止任何可能的滑移和意外情况。在它的保障下,农田作业的安全性和可靠性得到了极大的提升。

(三)悬挂系统控制

通过精确的调控,悬挂系统可以自动调整底盘的高度和刚度,使底盘能够轻松应对各种复杂的地形,根据不同的地形条件和负载情况,为底盘提供最舒适的行驶状态。

(四)附属设备控制

通过附属设备控制的调控,底盘可以轻松地与各种作业设备进行对接和拆卸,犹如一位高效的协调员,让底盘与作业设备能够默契配合,共同完成各项任务。

第三节 机器人底盘结构介绍

设施农业机器人底盘作为设施农业中的一种自动化机器人设备,是设施农业最主要的部分之一,其作用是可以在设施内的各种环境下提供稳定、灵活的运动能力,辅助农业操作。

底盘的基本结构应能够保证机器人的稳定性和灵活性,能够适应不同的设施环境和操作要求。底盘的驱动方式包括轮式、履带式、轨道式等,根据不同的环境和操作需求选择适合的驱动方式。

一、轮式机器人底盘

轮式底盘是农业机器人中最常见的底盘结构之一,它采用轮子作为行走方式。轮式底盘具有灵活性和便携性的特点,适用于较平坦的地面,可以快速地移动和转向。轮式底盘的结构主要由底盘框架、轮子、驱动系统和悬挂系统组成。

（1）底盘框架　是轮式底盘的主要支撑结构，负责承载机器人的质量和外部荷载。底盘框架通常采用钢材或铝材制作，具有足够的刚性和强度。底盘框架的形状和尺寸根据农业机器人的需求和设计要求进行设计，可以是矩形、圆形或其他形状。

（2）轮子　是轮式底盘的行走部件，负责提供牵引力和行走能力。轮子通常由橡胶制成，具有耐磨损、抗滑和良好的附着力。轮子的直径和宽度根据农业机器人的行走要求和地面条件进行选择。

（3）驱动系统　是轮式底盘的动力来源，负责驱动轮子转动。驱动系统通常由电动机或液压系统组成，通过传动装置将动力传递给轮子。电动驱动系统通过电机和减速器实现轮子的转动，液压驱动系统通过液压泵、阀门和液压缸实现轮子的转动。驱动系统的选择取决于农业机器人的功率需求和设计要求。

（4）悬挂系统　是轮式底盘的重要组成部分，负责减震，提供稳定性。悬挂系统通常由弹簧和减震器组成，可以是独立悬挂或非独立悬挂。悬挂系统可以减少农业机器人在不平坦地面行驶时的震动和颠簸，提高行驶的平稳性和舒适性。

除了以上的基本结构，轮式底盘还可以根据具体的应用需求进行扩展和改进。例如，可以添加转向系统来实现机器人的转向功能；可以添加制动系统来提高机器人的安全性；可以添加自动调节地面间隙的装置来适应不同的地面条件。

轮式农业机器人底盘是未来农业机器人底盘的一个重要发展方向。轮式农业机器人底盘具有较强的环境适应性，能有效降低操作人员的劳动强度，提高操作精度和效率。轮式农业喷药机器人（图 3-10）的轮式底盘一般由驱动、转向、制动和悬挂四大系统组成，其中转向系统由独立转向电机和减速机组成，可实现小半径转向。轮式底盘的关键是具有在困难的农业地形中快速、高效和安全操作的能力，液压驱动式底盘因其具有轻量化、功率密度高、转向灵活性强等特点，在轮式机器人中广泛应用。

图 3-10　轮式农业喷药机器人

习近平总书记指出，实施乡村振兴战略的总目标是农业农村现代化。我们要坚持农业现代化和农村现代化一体设计、一并推进，实现农业大国向农业强国跨越。要把加快建设农业强国作为全面推进乡村振兴的重大战略任务，推动农业全面升级，带动农村全面发展，促进农民全面进步。随着我国农业产业结构的调整，大棚蔬菜、花卉、苗木种植的面积有了大幅度的增长,也是我国农业向高科技农业、现代化农业迈进的重要一步。但由于成本、技术等各方面的限制,现阶段农村使用较广泛的大棚依然以钢架或毛竹大棚为主。棚型以棚宽6 m,顶高 2.2~2.5 m,肩高 1.2 m 和棚宽 8 m,顶高 3.2~3.5 m,肩高 1.8 m 两类为主。在这些大棚中,日常的耕作还是以最原始的人工耕作为主,劳动强度大。虽然这几年田园管理机得到了快速发展,很多大棚和蔬菜地也采用了田园管理机进行机械作业,但市场上的田园管理机都是手扶式的,仍存在劳动强度大、安全性差、操作不可靠等问题。针对温室大棚空间狭小、可操作性大、安全性高的管理作业要求,需要研制一种针对温室大棚管理的高地隙大棚动力底盘,合理设计传动机构及动力输出方式,以匹配相关作业机具,完成旋耕、犁地、耙地以及收获和短途运输等温室大棚管理作业项目。

(一)轮式温室大棚动力底盘结构设计

温室大棚柔性动力底盘主要由发动机、机架、变速箱、液压系统和工作机构等组成,如图 3-11 所示。

该动力底盘在作业过程中,发动机动力通过湿式离合器与主变速箱连接,经变速箱减速后,动力分成三路分别输出。一路动力通过齿轮传动到前驱动轴,驱动前轮;一路动力通过万向节传动轴输入副变速箱,通过副变速箱变速后驱动后轮轴,以驱动后轮,实现动力底盘的四驱自走式作业;另外一路动力通过传动轴输出,输送给搭配的作业机具使用。在副变速箱中,有空挡位,可随时切断后

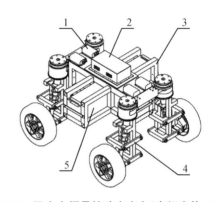

图 3-11 温室大棚柔性动力底盘(李翊宁等,2017)

1. 单轮行走系控制子系统;2. 底盘中央控制子系统;
3. 底盘车架;4. 单轮行走系统;5. 动力电池组

驱动力,实现四驱与两驱之间的切换。发动机输出轴加装一对皮带轮,以带动齿轮泵工作,为液压转向与液压提升提供动力支持。该动力底盘可以挂接旋耕、犁耕、耙、运输斗等各种农机具,满足大棚生产的需要。

(二)自走式多功能底盘结构设计

自走式多功能底盘结构由机械结构和电气元件组成。机械结构包含钢结构车身、全地形人字纹 14 寸轮胎、全铝轮毂、弹簧减震器以及悬臂结构等。电气元件包含蓄电池组、电容、配电柜、整车控制器(VCU)、电机控制器以及 2.4G 无线数据传输模块等。自走式多功能底盘结构布置图见图 3-12,自走式多功能底盘样车见图 3-13。

(三)设施蔬菜自主移栽底盘结构设计

浙江理工大学诸奇杰等为实现蔬菜移栽作业高效化、智能化、自主化,根据设施温室蔬菜移栽的实际作业要求,设计适应不同垄高地块的蔬菜自主移栽平台的整体结构(诸奇杰等,2024),研究蔬菜自主移栽平台的工作原理,完成自主行走底盘、传动机构的结构设计。图 3-14 为设施蔬菜自主移栽平台底盘结构,表 3-1 为该自主移栽平台的关键参数。

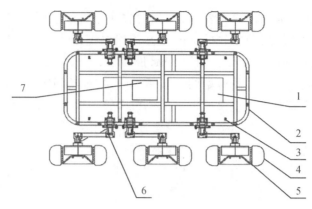

图 3-12　自走式多功能底盘结构布置图(徐潺等,2019)

1. 蓄电池;2. 钢架车身;3. 弹簧减震器;4. 轮胎;5. 轮毂;6. 悬臂结构;7. 配电柜

图 3-13　自走式多功能底盘样车
(徐潺等,2019)

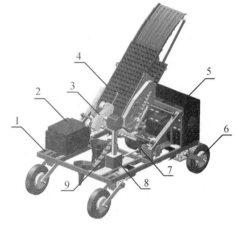

图 3-14　设施蔬菜自主移栽平台底盘结构
示意图(诸奇杰等,2024)

1. 底盘车架;2. 48 V 锂电池;3. 取苗机构;4. 送苗机构;
5. 电控箱;6. 轮毂调平机构;7. 传动箱Ⅰ;
8. 传动箱Ⅱ;9. 植苗机构

表 3-1　自主移栽平台的关键参数

结构参数	数值	结构参数	数值
外形尺寸长×宽/(mm×mm)	1 140×820	满载质量/kg	400
车轮直径/mm	253	行驶速度/(m/s)	0.5~2.5
车轮轮距/mm	690	控制方式	遥控
升降范围/mm	256~421	续航时长/min	60
平台总质量/kg	150	栽植速度/(r/min)	30~50

行走底盘是蔬菜自主移栽平台的关键部件,底盘结构决定了整体机构运行的性能以及控制系统的设计方向。图 3-15 所示的自主行走底盘结构,主要由底盘车架和轮毂调平机构组成。4 个轮毂调平机构独立安装在底盘车架的 4 个角,保证其具有良好的结构稳定性。

移栽平台的工作环境为非结构化,因此,底盘需要满足结构相对紧凑,整体对称,质量分布均匀,且具有良好的承载能力等要求。底盘车架根据其功能性要求,合理将其空间划分为 6 个区域,即送苗区、电源区、轮毂调平区、取植苗区、动力输入区、控制柜区,主要结构如图 3-16 所示。各方管和钣金件均采用 Q235 材料进行焊接处理,主要思路采用移栽行走一体化,抵消移栽机构和移动平台之间的机械振动,保证其结构的稳固。送苗区采用斜面结构设计,便于配合取苗机构进行位姿调整,获取最佳取苗位姿;电源区和取植苗区分布在车架前端两侧,控制柜区设置在底盘车架尾部,三者协同保持车架整体质量均匀分布,使整机结构更加紧凑、对称,行走更加平稳。

图 3-15　自主行走底盘结构
(诸奇杰等,2024)
1. 底盘车架;2. 轮毂调平机构

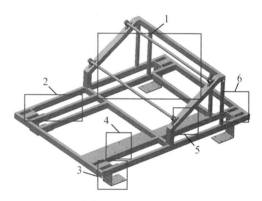

图 3-16　底盘车架结构(诸奇杰等,2024)
1. 送苗区;2. 电源区;3. 轮毂调平区;4. 取植苗区;
5. 动力输入区;6. 控制柜区

因为设施蔬菜自主移栽底盘作业面对的是农田环境,所以对车轮结构的设计以及选取尤为重要。有关科研人员秉持着控制简单、驱动力大、满足作业要求等原则,设计了一种轮毂调平机构,主要结构如图 3-17 所示,主要由轮毂电机、摆杆、涡轮蜗杆减速器、步进电机、套筒、轴端固定套筒和摆杆固定件组成。步进电机和涡轮蜗杆减速器配合固定在底盘车架的轮毂调平区,通过摆杆使轮毂电机固定并且能够绕着减速器输出轴转动,同时由于涡轮蜗杆减速器的自锁特性,调平机构只有驱动电机才能使其转动,从而保证了调平的稳定性。

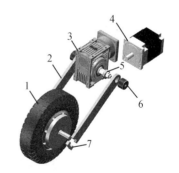

图 3-17　轮毂调平机构结构
1. 轮毂电机;2. 摆杆;3. 涡轮蜗杆减速器;
4. 步进电机;5. 套筒;6. 轴端固定套筒;
7. 摆杆固定件

二、履带式机器人底盘

履带式机器人底盘是农业机器人中常见的底盘结构之一,它采用履带作为行走方式。相比于轮式底盘,履带式底盘具有更好的通过性能和抗滑性能,适用于复杂地形和恶劣环境。履带式底盘的结构主要由底盘框架、履带、驱动系统和悬挂系统组成。

1. 底盘框架

底盘框架是履带式底盘的主要支撑结构,负责承载机器人的质量和外部荷载。类似于轮式底盘框架,通常也采用钢材或铝材制作,具有足够的刚性和强度。底盘框架的形状和尺寸根据农业机器人的需求进行设计,可以是矩形、圆形或其他形状。

2. 履带

履带是履带式底盘的行走部件,负责提供牵引力和行走能力。履带通常由橡胶或金属制成,具有耐磨损、抗滑和良好附着力等特点。履带的宽度和花纹根据农业机器人的行走要求和地面条件进行选择,可以是宽大而花纹较深的履带,以增加牵引力和通过性能。

3. 驱动系统

驱动系统是履带式底盘的动力来源,负责驱动履带转动。驱动系统通常由电动机或液压系统组成,通过传动装置将动力传递给履带。电动驱动系统通过电机和减速器实现履带的转动,液压驱动系统通过液压泵、阀门和液压马达实现履带的转动。驱动系统的选择取决于农业机器人的功率需求和设计要求。

4. 悬挂系统

悬挂系统是履带式底盘的重要组成部分,负责减震和提供稳定性。悬挂系统通常由弹簧和减震器组成,可以是独立悬挂或非独立悬挂。悬挂系统可以减少农业机器人在不平坦地面行驶时的震动和颠簸,提高行驶的平稳性和舒适性。

除了以上的基本结构,履带式底盘还可以根据具体的应用需求,参照轮式机器人底盘进行扩展和改进。

另外,履带式底盘还可以配备导向轮和支撑轮来增加稳定性和操控性。导向轮用于控制履带的方向,支撑轮用于支撑和调整履带的张紧度。导向轮和支撑轮通常位于履带的前后部分,通过调整其位置和张紧度可以改变履带的接地面积和接地压力,以适应不同的地面条件和工作要求。

总之,履带式底盘其结构设计涉及底盘框架、履带、驱动系统和悬挂系统等方面,可以根据具体的应用需求和环境条件,对履带式底盘进行扩展和改进,以满足农业机器人的行走和作业功能。

大多数履带式农业机器人(图 3-18)或自走式农业机器人的行走装置都由导向轮、托轮、支重轮、驱动轮及履带等部分构成。履带式机械在地面的单位压力较小,仅为轮式机械的 1/10,可以有效减少机械在地面的压力,防止土壤硬化。在农业机械化生产中,可以有效降低土壤标准,保护上层土壤,缩短其恢复时间,促进耕地的可持续利用。

从目前中国农业的作业方式来看,大部分农业机械作业机构都是机械式的,技术发展空间非常大。对于比较松软的土地,履带式机器人的通

图 3-18 履带式农业机器人(黄一霖等,2023)

过性是比较好的,在恶劣的气候条件下,比如在潮湿、泥泞的土壤上工作,它的作用是无可取代的。如何加强农业机器人的运行效率,其本质不仅是在运行过程中加快速度,还要有效缩短在旋转和 OEM 等非运行条件下的运行时间。履带机械具有转向灵活、运行路线平滑等优点,并且在提高移动农用机器人的工作效率上具有更大的优越性。

安徽科技学院石梓廷等为适应狭小空间和多种地形的温室作业,设计出了可以根据作业要求改变轮距和地隙,且可以搭载多种农机具的温室作业履带式机器人柔性移动底盘。

如图 3-19 所示,温室作业柔性移动底盘的基本结构及工作原理为:履带采取四轮一带的形式,悬挂采取被动式非独立减震系统设计。地隙轮距调节系统由电动推杆、活塞杆和直线导轨组成。底盘以型材为框架进行搭建,两侧履带与地隙轮距调节系统用型材连接。型材一层安置 PLC 控制模块、电机驱动器、电机和减速器。型材二层安置电源和导航雷达。型材间以电动推杆、活塞杆和直线导轨连接。型材一层的电动推杆组进行同步工作,即可改变底盘的地隙。型材二层的电动推杆组进行同步工作,即可改变底盘的轮距。这样就可以同时改变底盘的地隙和轮距,提高底盘对于不同作物和不同生产阶段的适应性,增加底盘的作业范围。直线导轨保证电动推杆工作方向的一致性,增强了地隙轮距调节系统纵向上的力学性能和底盘整体结构的稳定性。履带在地面行驶的过程中,通过控制电机的转向,使两侧的驱动轮向相反的方向等速转动,实现原地转向,最小转弯半径为 0,能较好地适应温室狭小的作业环境。

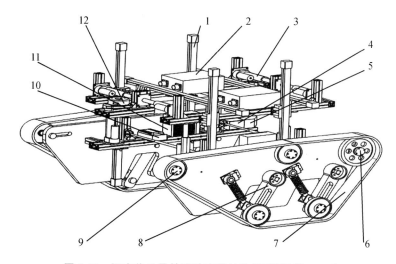

图 3-19　温室作业柔性移动底盘结构(石梓廷等,2022)
1. 直线导轨;2. 电源;3. 电动推杆;4. 减速器;5. 电机;6. 驱动轮;7. 履带;8. 减震机构;
9. 导向轮;10. PLC 控制模块;11. 电机驱动器;12. 导航雷达

该温室作业柔性移动底盘的结构尺寸可以满足实际温室作业的要求,整机尺寸为 979 mm×896 mm×1 060 mm,作业速度为 5 km/h,地隙为 400～700 mm,轮距为 700～960 mm,空载质量 100 kg。

三、轨道式机器人底盘

轨道式机器人底盘是一种常见的底盘结构,它采用轨道作为行走方式。相较于履带式底盘和轮式底盘,轨道式底盘具有更好的稳定性和精确性,适用于需要高精度行走和定位的工作环境。轨道式机器人底盘的结构主要由底盘框架、轨道、驱动系统和悬挂系统组成。其中底盘框架、驱动系统和悬挂系统可参照履带式机器人底盘相关结构。

轨道是轨道式机器人底盘的行走部件,负责提供行走的导向和支撑。轨道通常由金属制成,具有良好的平整度和精度。轨道的形状和尺寸根据机器人的行走要求和设计要求进行选择,可以是直线轨道、曲线轨道或复杂轨道。

总之,轮式、履带式和轨道式三种常见的行走底盘,各有优势和不足。其中,轮式底盘机动性能好,转弯灵活,轮胎与地面摩擦力大,适合硬路面行走;履带式底盘结构复杂,经济性差,但是对地面环境要求不高,通过性能好,适合越野爬坡;轨道式底盘沿轨道移动,方向可控,底盘搭建简便,机械振动小,运行平稳,适合定向移动。

四、腿式机器人底盘

腿式机器人底盘是一种仿生机器人底盘结构,模仿了动物的腿部运动方式。它具有优秀的适应性和越障能力,适用于复杂的地形和狭窄的空间环境。

腿式机器人底盘的结构主要由机架、腿部和关节组成。机架是腿式底盘的主要支撑结构,负责承载机器人的重量和外部荷载。机架通常采用高强度材料制作,如铝合金或碳纤维复合材料,以提供足够的刚性和强度。机架的形状和尺寸根据机器人的需求和设计要求进行设计,可以是矩形、圆形或其他形状。腿部是腿式底盘的运动部件,负责支撑机器人的重量和实现移动。腿部通常由多个关节连接而成,每个关节都有相应的运动自由度。关节可以是旋转关节、伸缩关节或平移关节,以实现腿部的灵活运动。腿部的形状和尺寸根据机器人的运动需求和设计要求进行选择,可以是直线腿、弯曲腿或多趾腿。

关节是腿式机器人底盘的运动控制部件,负责控制腿部的运动和姿态。关节通常由电动机、减速器和传动装置组成,通过控制电动机的转动来实现关节的运动。关节的选择取决于机器人的运动自由度和设计要求。例如,对于具有多自由度的腿部,可以选择多个电动机和关节来实现复杂的运动。腿式底盘的结构设计需要考虑以下几个方面。

(1)运动范围和自由度　根据机器人的需求和设计要求,确定腿部的运动范围和自由度。例如,对于需要越障的机器人,腿部需要具有足够的伸缩自由度和弯曲自由度,以适应不同高度和形状的障碍物。

(2)动力系统　根据机器人的功率需求和设计要求,选择适当的电动机和减速器作为关节的驱动装置。动力系统需要提供足够的扭矩和转速,以实现腿部的快速运动和高负载承载能力。

(3)控制系统　腿式机器人底盘需要一个有效的控制系统来实现运动控制和姿态调整。控制系统通常由传感器、控制器和执行器组成。传感器用于检测腿部的位置和姿态,控制器根据传感器的反馈信号计算控制指令,执行器将控制指令转化为腿部的运动。

(4)结构强度和稳定性　腿式底盘的结构需要具有足够的强度和稳定性,以承受机器人的重量和外部荷载。结构的强度可以通过增加材料的厚度和加强连接方式来实现,稳定性可以通过调整腿部的布局和重心位置来提高。

（一）Spot 腿式机器人底盘

Spot 是由美国机器人公司 Boston Dynamics 开发的一种四足腿式机器人，如图 3-20 所示。它具有良好的越障能力和适应性，可以在复杂的地形和狭窄的空间中行走和操控。

Spot 的底盘由一个中央机架和四个腿部组成。中央机架采用铝合金制作，具有较高的刚性和强度，同时保持较轻的重量。中央机架的形状呈长方形，上面安装有控制系统和动力系统。

每个腿部由 12 个关节连接而成，如图 3-21 所示，每个关节由一个电动驱动器、减速器和传动装置组成。关节的形状和尺寸根据腿部的运动需求和设计要求进行选择，有的关节是旋转关节，有的关节是伸缩关节。每个腿部的末端装有弹性材料制成的足底，提供良好的抓地力和减震能力。

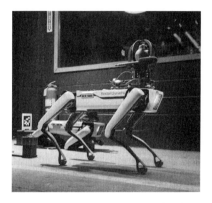

图 3-20　Boston Dynamics（2020）开发的　　　　图 3-21　四足腿式机器人腿部结构
四足腿式机器人

Spot 的腿式底盘通过内置的传感器和控制系统实现运动控制和姿态调整。传感器包括惯性测量单元（IMU）、接触传感器和摄像头，用于检测机器人的位置、姿态和环境信息。控制系统根据传感器的反馈信号计算控制指令，通过电动驱动器和关节实现腿部的运动。

腿式底盘作为一种仿生机器人底盘结构，具有良好的适应性和越障能力。腿式底盘的结构设计涉及机架、腿部和关节等方面，需要考虑运动范围、动力系统、控制系统和结构强度等因素。通过合理的设计和优化，腿式底盘可以实现灵活的运动和稳定的姿态调整，适应不同的工作环境和任务需求。

为了应对有限土地和气候变化的挑战，设施农业，包括温室和其他种植设施受到越来越多的重视。使用农业机械可以显著提高设施农业的效率和产量，但由于设施农业的特殊环境和空间限制，需要特殊设计的农业机械来适应这些条件。腿式底盘农业机械因其灵活性和较小的占地面积，可能成为设施农业中一个很有前景的研究方向。

农业作业环境向来错综复杂，底盘技术的工作场所也并非一成不变，它的工作性质决定了它在实践中的局限性。首先，在设施环境中，由于作物种植结构的复杂性以及植株生长的不确定性，底盘连续运动以及进行追踪时所能规划的路径十分有限。腿部机器人可以在独立的位置与地面进行接触，因此它对区域的适应性非常好，可降低对环境的伤害。其次，传统机械臂的自由度和腿部机器人的机械臂相比，腿部机器人的机械臂的自由度要比传统机械臂的自由度大很多,动作的灵活性也得到了明显的改善,而且它的重心可以通过调整机械腿部的延伸来调节。该机构的优势在于,不管地面多不平整,只要有落脚的位置,机器人的躯体都能顺利运动。该系统在对大型工作台进行定位时,首先通过对双腿进行定位,并对其进行三维空间的准确定位,从而使其达到合适的工作状态。在此背景下,腿式农业机械应运而生,以其独特的四腿或六腿形式,甚至人形机器人的两腿形式,将展现其在农业作业中的优越性。腿式农业机械凭借出色的适应性和灵活性,可轻松应对复杂的地形与不平整的地面。同时,它的稳定性和承重能力也让人叹为观止,即使在重载或崎岖的路面上,也能保持稳定运行,可有效降低事故风险和机械故障。腿式农业机械的灵活性和机动性更是出色,能在狭小的空间内自由穿梭,让农民朋友在进行种植、施肥、喷药等农业操作时更加轻松便捷。它的出现,将为农业现代化发展注入新的活力,引领着农业作业的新潮流。

总之,腿式农业机械以其独特的优势,让农业作业变得更加高效、稳定和灵活,为农业生产带来了新的希望与机遇。

(二)Agrobot SW6010 农业腿式底盘

Agrobot SW6010 是一种专门设计用于葡萄园工作的农业腿式底盘。它采用四腿设计,每个腿都配有独立的悬挂系统和电动驱动,可以自适应地调整姿态并在不平坦的地形上保持稳定。底盘的结构坚固,并且能够携带较重的负载,如喷雾器、割草机等。Agrobot SW6010 配备有先进的操控系统,可以通过遥控器或预设的指令进行操作。这种农业腿式底盘可以提高农田作业的效率和准确性,并减轻人工劳动的负担。

然而,腿部机器人也有许多缺陷。工作效率远低于其他类型的底盘;与自然节肢类动物相比,机械臂的灵活性也有很大差距。目前,腿式机器人在农业机器人中应用较少,主要原因是腿式机器人能耗较高、效率较低、协调性方面技术难度较大。但同时,腿式机器人也有不用考虑地面平整度的优点,可以尝试应用在一些特殊的农业生产场景之中。以下是针对腿式底盘用于设施农业的一些建议。

(1)模块化设计 腿式底盘应采用模块化设计,以适应不同作物和作业环境的需求。例如,可更换的工具头可用于播种、施肥、除草和收获等不同作业。这样不仅可以降低成本,还可以提高机械的适用性和灵活性。

(2)高度和步态可调 设施农业中的作物种植高度和行距各不相同,腿式底盘应能够调整高度和步态,以适应不同作物的生长需求,确保机械在作业过程中不会损伤作物。

(3)智能化控制 利用传感器、摄像头和人工智能算法,使腿式底盘具备自主导航、避障和作业决策能力。通过对作物生长情况进行实时监控和分析,实现精准农业作业,提高作业效率和作物产量。

(4)环境友好 考虑到设施农业环境的特殊性,腿式底盘应使用环保材料和能源(如电动驱动),减少噪声和排放,保护作物生长环境。

(5)紧凑型设计 设施农业的作业空间有限,因此腿式底盘的设计应尽可能紧凑,以便于在狭窄空间内灵活移动和作业。

(6)耐用性和可维护性 设施农业的作业环境可能较为潮湿和具有腐蚀性,因此腿式底盘的材料和设计应具有良好的耐用性和耐腐蚀性。同时,设计应便于日常维护和修理,以延长机械的使用寿命。

(7)用户友好的操作界面　虽然机械具备智能化功能,但是在某些情况下仍需人工干预。因此,设计应包含易于使用的操作界面,确保操作者可以轻松掌握机械的控制和管理方法。

综上所述,腿式机器人底盘用于设施农业是一个具有挑战性但充满潜力的研究方向。通过模块化设计、智能化控制和环境友好等策略的实施,有望显著提高设施农业的作业效率和产量。

第四节　SLAM 系统

一、SLAM 简介

最初,机器人定位问题和机器人建图问题被当作两个独立的问题来研究。机器人定位问题,是在已知全局地图的条件下,通过机器人传感器测量环境,利用测量信息与地图之间存在的关系求解机器人在地图中的位姿。定位问题的关键点是必须事先给定环境地图,比如分拣仓库中地面粘贴的二维码路标,就是人为提供给机器人的环境地图路标信息,机器人只需要识别二维码并进行简单推算就能求解出当前所处的位姿。机器人建图问题,是在已知机器人全局位姿的条件下,通过机器人传感器测量环境,利用测量地图路标时刻的机器人位姿和测量距离与方位信息,很容易求解出观测到的地图路标点坐标值。建图问题的关键点是必须事先给定机器人观测时刻的全局位姿,比如装载了 GPS 定位的测绘飞机,飞机由 GPS 提供全局定位信息,测量设备基于 GPS 定位信息完成对地形的测绘,但这种建立在环境先验基础之上的定位和建图具有很大的局限性。将机器人放置在未知环境,先验信息将不再存在,机器人将陷入一种进退两难的局面。如果没有全局地图信息,机器人位姿将无法求解;没有机器人位姿,地图又将如何求解呢?

还有,这种传统的定位和建图问题,通常是基于模型的。就定位而言,只要构建出机器人运动的数学模型,利用运动信息就可以推测出机器人将来任意时刻的位姿,只需要引入少量的观测反馈对模型误差做修正即可。这种基于模型的机器人,很显然没有考虑到机器人实际应用中存在的众多不确定性因素,比如传感器测量噪声、电机控制偏差、计算机软件计算精度近似等。因此,机器人中的不确定性问题也需要被特别关注。

1986 年,Smith 和 Cheeseman 将机器人定位问题和机器人建图问题放在基于概率论理论框架之下进行统一研究。其中有两个开创性的点:第一是采用了基于概率论理论框架对机器人的不确定性进行讨论;第二是将定位和建图中的机器人位姿量与地图路标点作为统一的估计量进行整体状态估计。

到 2006 年,Durrant-Whyte 和 Bailey 首次使用同步定位与地图(simultaneous localization and mapping,SLAM),为 SLAM 问题的解决制定了详细的概率理论分析框架,并对 SLAM 问题中的计算效率、数据关联、收敛性、一致性等进行了讨论,可以认为这是 SLAM 问题真正进入系统性研究的元年。

SLAM 构建是指:机器人从未知环境的未知地点出发,在运动过程中通过重复观测到的环境特征定位自身位置和姿态,再根据自身位置构建周围环境的增量式地图,从而达到同时定位和地图构建的目的。由于 SLAM 的重要学术价值和应用价值，一直以来都被认为是实现全自主移动机器人的关键技术。

通俗来讲，SLAM 回答两个问题"我在哪儿""我周围是什么"，就如同人到了陌生环境。SLAM 试图解决的就是恢复观察者自身和周围环境的相对空间关系，"我在哪儿"对应的是定位问题，而"我周围是什么"对应的是建图问题，给出周围环境的一个描述。SLAM 回答了这两个问题，其实就完成了对自身和周边环境的空间认知。有了这个基础，机器人就可以进行路径规划去要去的目的地，在此过程中还需要及时检测躲避遇到的障碍物，保证运行安全。

根据传感器的不同，SLAM 分为激光 SLAM 和视觉 SLAM 两大类。根据传感器种类和安装方式的不同，SLAM 在实现方式及实现难度上也会有所差异。目前，相比之下激光 SLAM 技术相对更为成熟，落地应用场景也更为丰富。

激光 SLAM 根据单线激光雷达和多线激光雷达主要分为 2D 激光 SLAM 和 3D 激光 SLAM。单线激光雷达是 2D 激光 SLAM 的主要传感器，通过单个探测器从一个角度扫描环境，只能获取一个平面的点云数据，无法获取三维物体的高度信息。多线激光雷达应用于 3D 激光 SLAM，采用多个探测器同时从不同的角度扫描环境，可以获取含有三维物体坐标信息的点云数据。多线激光雷达根据探测器数目，即线数的不同，又可分为 16 线、32 线、64 线、128 线等不同型号。随着线数增加，获取点云数据的速度越快，数据量更丰富，建立的地图精度越高。多线激光雷达较为昂贵，主要应用于需要进行高精度环境感知和地图构建的领域。

视觉 SLAM 主要采用深度摄像机。基于单目、双目、鱼眼摄像机的视觉 SLAM 方案利用多帧图像来估计自身的位姿变化，再通过累积位姿变化来计算物体的距离，并进行定位与地图构建。视觉 SLAM 可以从环境中获取海量的纹理信息，拥有超强的场景辨识能力。早期视觉 SLAM 基于滤波理论，其非线性的误差模型和计算阻碍了它的使用。近年来，稀疏性的非线性优化理论以及摄像机技术、计算性能的进步，实时运行视觉 SLAM 开始被应用起来。

二、SLAM 系统框架

SLAM 系统框架大致分为 5 个部分：传感器信息读取、前端里程计、后端优化、回环检测和地图构建，如图 3-22 所示。激光雷达及其他辅助传感器采集数据交由前端里程计处理分析，快速估算出相邻激光雷达数据帧之间的位姿变换，此时计算出的位姿含有累计误差，不够准确；后端优化负责全局轨迹优化，得出精确位姿，构建全局一致性地图。在此过程中，回环检测一直在执行，它用于识别经过的场景，实现闭环，消除累计误差。下面介绍除传感器信息读取外的 4 个部分。

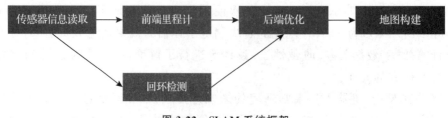

图 3-22　SLAM 系统框架

(一)前端里程计

前端里程计的作用是计算相邻时刻的机器人运动。实际上,IMU、编码器和激光雷达都可用来单独完成机器人位姿的估计,但是单一传感器的数据误差较大,因此采用多个传感器,从多种不同的数据中对周围环境进行检测。综合 IMU、编码器和激光雷达三者的采集信息,将得到一个相对最好的答案,从而最大程度减小机器人位姿估计的误差。

然而,实际应用中即便采用了多传感器融合的前端里程计来进行机器人的位姿估计,累积漂移(accumulating drift)也依旧是无法避免的。这是由于前端里程计在进行机器人位姿估计时,只是在局部地图中进行了位姿计算,每次的估计都存在一定的误差,经过长时间运行后,累积误差将越来越大,因此估计的位姿信息也将不再准确。将局部地图分别加入和未加入 IMU 地图进行对比(图 3-23),未加 IMU 的地图漂移现象将导致无法精确地建立地图,而这样的地图是无法为导航提供支持的,因此还需要后端优化和回环检测针对漂移产生的误差进行优化。

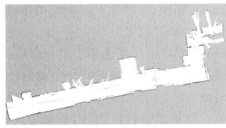

（a）加入IMU地图　　　　　　（b）未加入IMU地图

图 3-23　地图漂移对比(徐文枫,2023)

(二)后端优化

后端优化是从全局角度抑制 SLAM 过程中产生的噪声。虽然研究者希望所有的数据都是准确无误的,但在现实中即使是昂贵的传感器也无法避免存在噪声的问题。后端从前端得到一组带有噪声的数据(包括机器人的轨迹、稀疏的环境特征点)。之后,就要通过最大后验概率估计(maximum-a-posterioni,MAP)来计算这些带有噪声的数据,从而估计整个系统的状态(包括机器人自身位姿以及地图)以及确定性。目前,可以分为两大类:基于贝叶斯滤波的后端优化方法和基于图优化的后端优化方法。

基于贝叶斯滤波的后端优化方法都是在马尔可夫假设的前提下进行的,即当前时刻机器人的状态只与当前时刻的测量值与上一时刻的状态相关,与其他时刻无关。根据后验概率表示方法的不同,可以分为卡尔曼滤波和粒子滤波。滤波类方法最大的缺点是无法建立大尺度地图,因为一旦当前时刻的估计出现偏差,偏差就无法消除,从而导致所建立的地图有错位的情况。

基于图优化的后端优化方法则没有马尔可夫假设,当前时刻机器人的状态与之前所有的测量值都相关。所谓图优化,就是将图论的思想引入 SLAM 的问题中。它将机器人的位姿表示成一个节点,相邻节点之间的弧表示空间的约束关系,以此构成的图就是位姿图。通过调整位姿图中的节点以最大程度满足空间约束关系,从而获得机器人的位姿信息和地图。

(三)回环检测

回环检测是指机器人通过传感器测量的数据检测到自己又回到之前来过的位置,用于消除累计误差,提高定位和地图精度,对在大环境、回环多、长时间运行的 SLAM 系统至关重要,一旦检测到回环发生,后端优化能够显著减少累计误差。这里可以借助控制科学中经典的反馈控制理论来理解闭环检测在 SLAM 中的作用,消除累积误差,从而改善建图效果。但需要注意的是,基于激光雷达点云的回环检测算法可能产生误检测,如两个距离间隔相同的走廊,其激光点云往往完全相同。若产生误检测,整个 SLAM 的建图过程便会失效。

在检测到回环之后,会把"回环已发生"这一信息告知后端优化算法。后端优化算法基于点云扫描匹配的方法也可以作用于回环检测部分,通过检测两个激光雷达数据帧中点云数据之间的相似性来判断它们是否来自同一位置。

(四)地图构建

SLAM 所构建的地图是移动机器人实现自主导航与定位的前提与基础。地图可以分为:尺度地图、拓扑图和语义地图。在 2D 激光 SLAM 中,主要针对尺度地图中的栅格地图和特征地图进行研究。

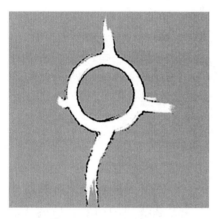

图 3-24　2D 栅格地图(谭昊然,2023)

(1)栅格地图　是尺度地图中最为常用的一种,如图 3-24 所示。栅格地图是指将环境空间划分成一个个大小相等的栅格单元,每个栅格单元中含有被障碍物占据的概率值。如果栅格被占用,则概率值越接近于 1。当栅格中不含物体时,则概率值越接近于 0。若不确定栅格中是否有物体,则概率值等于 0.5。栅格地图具有高准确性,并且能够充分反映出环境的结构特征,因此栅格地图可以直接用于移动机器人的自主导航与定位。

(2)特征地图　又被称为几何地图,一般由环境信息中提取到的点、线或圆弧等几何特征构成。当构建小场景地图时,特征地图占用的资源较少且建图精度尚可;当构建环境较大的地图时,由于特征地图无法有效表现出真实环境中的详细信息,其建图精度会大打折扣,因此不适用于大场景建图。

三、激光 SLAM 系统

在激光雷达由军用转为民用的过程中,人们研究出了几种有效的室内激光 SLAM 算法。其中基于滤波的激光 SLAM 主要采用 Gmapping 算法,基于图优化的激光 SLAM 算法主要采用 Cartographer 算法。

(一)Gmapping 算法

2007 年,Grisetti 等以 Fast-SLAM 方案为基本原理提出了 Gmapping 算法。Gmapping 是一种基于粒子滤波的二维 SLAM 算法,搭载了激光雷达传感器,常用于对室内环境进行二维的定位与建图。粒子滤波的核心思想是随机采样,主要分为初始化阶段、搜索阶段、决策阶段及重采样阶段。初始化阶段对移动机器人的位姿进行初始化;搜索阶段随机分布粒子,随后获得反馈的目标相似度信息;决策阶段利用一系列随机样本的加权和近似后验概率密度函数,通过求和来获得近似积分,然后进行粒子的权值计算,为选择性地重采样作准备;重采样阶段按照粒子权值在整体粒子权值中的占比复制粒子,有目的地重新分布粒子。粒子滤波算法将重复以上过程,最后进行地图估计。

相比于粒子滤波算法,Gmapping 算法更多使用统计方法。粒子滤波算法主要根据建立环境地图所需的粒子数量来衡量算法的复杂度,因此如何使用较少的粒子来构建较为精确的地图是该算法需要解决的主要问题。为了改进粒子滤波算法由于粒子数过多而计算量大的问题,Gmapping 算法做了两个主要的改进:改进提议分布和选择性重采样。其中改进提议分布的作用是减少粒子数量,选择性重采样则解决了之前重复采样引发的粒子耗散问题。Gmapping 算法具备简单、易实现和低成本的特点,而结合不同环境需求还有多种算法完善方法,使其更具普适性。

在实现过程中,Gmapping 算法适用于室内小场景和低特征环境下的定位与建图,精度较高且计算量小。Gmapping 不需要太多的粒子并且没有闭环检测。当需要构建大场景或复杂环境地图时,Gmapping 算法则不再适用,随着场景的扩大,更多的粒子需求会加大计算量,在其本身没有闭环检测的情况下容易出现累计误差,使建图出现精度偏差。粒子滤波算法的主要工作流程如图 3-25 所示。

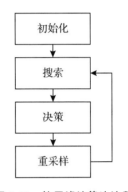

图 3-25　粒子滤波算法流程

(二)Cartographer 算法

基于图优化的 SLAM 的核心思想是在移动机器人建图过程中实时构建位姿图,机器人的位姿作为节点,各个节点之间的转换关系作为边。与基于滤波方法的 SLAM 不同的是,基于图优化的 SLAM 分为前端和后端两个模块,后端引入了闭环检测环节,因此相比于粒子滤波类算法,图优化类算法可以适应面积较大的场景,利用闭环检测可以消除误差,避免误差累积造成的建图不准确。

Cartographer 算法是谷歌公司开发的基于图优化的开源 SLAM 算法,在背包上面搭载激光雷达传感器和 IMU,可以实现二维和三维建图,并可将测得的环境数据生成分辨率为 5 cm 的栅格地图。基于图优化的 SLAM 的出现解决了大尺度场景建图的问题。Cartographer 框架主要分为前端(Local SLAM)和后端(Global SLAM)。较其他激光雷达 SLAM 算法不同的是,Cartographer 算法的前端引入了子图(submap)的概念,前端进行数据提取和数据关联时,激光雷达每扫描一次会形成一个子图,每次扫描而得的数据帧会与上一次得到的子图进行比对,并且插入上一次得到的子图中,子图的更新优化依赖于数据帧的不断插入,当没有数据帧插入时则形成完整优化的子图,此处主要应用非线性最小二乘法来进行求解。如此反复,获得若干个子图,即局部地图。后端首先进行闭环检测,再对前端获得的若干个子图进行优化。通过全局计算得到优化后的位姿,可用来消除累计误差,得到最优的全局地图,如图 3-26 所示为 Cartographer 建立的栅格地图。

(三)Hector 算法

Hector 算法也是基于图优化的 SLAM 算法,采用了高斯-牛顿法,通过搭载激光雷达传

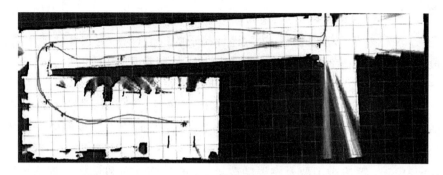

图 3-26　Cartographer 建立的栅格地图(徐文枫,2023)

感器进行地图构建。与 Cartographer 算法流程类似,Hector 算法也分为前端和后端,前端负责对机器人的运动进行估计,后端对位姿进行优化,但后端缺少了闭环检测环节。在建图过程中,首先前端进行激光扫描,激光雷达采集到最新数据后,使用双线性插值算法得到连续的概率栅格地图。随后采用最新采集到的当前帧数据与现有地图的数据进行处理,构建函数,并用高斯-牛顿法对位置相邻的帧进行匹配,以此获取最优解与偏移量,使地图数据误差最小。为避免获得的数据陷入局部极小值,使用不同分辨率的栅格地图进行匹配。Hector 算法不需要里程计,但对雷达精度要求极高。针对此问题,可以通过判定激光雷达的运动形式来优化 SLAM 的关键帧判定机制。

在算法实现过程中,Hector 算法的基本流程与 Cartographer 算法大致相同,但与Gmapping、Cartographer 算法不同的是,Hector 算法不需要里程计,但对激光雷达的精度要求较高,精度至少要达到 40 Hz 的帧率。Hector 算法对硬件要求较高使得其在室内场景应用时存在局限性,但该算法能估计 6 个自由度的位姿,可以胜任崎岖路面环境及空中的定位与建图工作,也可应用于无人机室内导航。

四、SLAM 的基本原理及应用

视觉 SLAM 是一种通过摄像头或摄像头阵列感知周围环境并同时定位自身位置的技术。它的核心目标是在未知环境中建立起一个精确的地图,并且通过不断的感知和自我定位来实时更新地图,以达到实时导航和定位的目的。视觉 SLAM 的基本原理是通过相机摄像头获取场景的视觉信息,并通过图像处理和计算机视觉算法对图像进行分析和处理,从而提取有用的特征点或特征描述子。这些特征点或特征描述子可以用于后续的图像匹配、三维重建和环境建模。常用的相机包括单目相机、双目相机和深度相机(图 3-27)。

(一)视觉 SLAM 的工作流程

视觉 SLAM 的工作流程包括初始化、特征提取和匹配、运动估计和位姿计算、深度估计和三维重建等,如下所示。

(1)初始化　在开始阶段,需要对相机进行标定,获取相机的内参数和外参数等,以及建立一个空的地图。

(2)特征提取和匹配　在每一帧图像中,通过特征提取算法(如 SIFT、ORB 等)提取出图像中的关键特征点,并计算出特征描述子。然后使用特征匹配算法(如光流、RANSAC

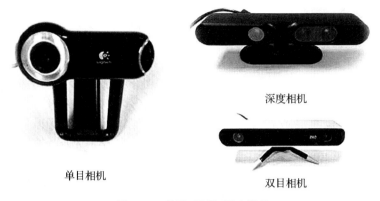

单目相机

深度相机

双目相机

图 3-27 单目、双目、深度相机

等)将当前帧的特征点与前一帧的特征点进行匹配,建立起两帧之间的对应关系。

(3)运动估计和位姿计算 通过特征点的匹配关系,可以估计出两帧之间的相机运动,即相机的平移和旋转。常用的方法包括基于单应性矩阵或基础矩阵的估计方法,以及基于光流或直接法的估计方法。通过迭代最小二乘法或优化算法,可以根据多个连续帧之间的运动估计得到相机的轨迹,从而计算出相机的位姿。

(4)深度估计和三维重建 通过已知的相机位姿和特征点的匹配关系,可以进行三角测量或使用深度传感器(如 ToF 相机、RGB-D 相机等)获取场景中某些特征点的深度信息,从而恢复这些特征点在三维空间中的位置。通过对多个帧的特征点进行三维重建,可以建立起一个精确的环境地图。

(5)地图更新 随着新的图像帧的到来,可以通过特征点的匹配关系和三角测量等方法,实时更新地图。

(6)自我定位和路径规划 通过不断的感知和自我定位,可以实时更新相机的位姿信息,从而实现自我定位的功能。基于实时的位姿信息和地图,可以进行路径规划和避障,帮助设备准确导航和定位。

不同的算法和方法在这些步骤中有不同的实现方式和精度。同时,视觉 SLAM 还面临着光照变化、动态物体、纹理缺失等挑战,需要通过优化算法、多传感器融合等方法来提高其鲁棒性和精度。

(二)常用的视觉 SLAM 算法和技术

(1)特征点法 是最常见的 SLAM 算法之一。通过提取图像中的关键特征点(如 SIFT、ORB 等),并利用特征点的匹配关系计算相机的运动和场景的三维结构。

(2)直接法 直接使用图像像素值进行运动估计和三维重建,而不需要提取特征点的方法。通过最小化像素值之间的差异,直接法可以提供更密集的深度估计和更准确的位姿估计。

(3)单目 SLAM 使用单个摄像头进行定位和建图。由于缺乏深度信息,单目 SLAM 通常需要通过运动估计和三角测量等方法恢复场景的三维结构。

(4)双目 SLAM 利用两个相机的视差信息估计深度,并通过特征点的匹配关系计算相机的运动和场景的三维结构。双目 SLAM 通常比单目 SLAM 具有更好的深度估计精度和位姿估计精度。

(5)RGB-DSLAM　使用 RGB 图像和深度图像(如由 ToF 相机、RGB-D 相机等获取)进行定位和建图。通过深度信息,RGB-DSLAM 可以更准确地估计深度和位姿,并生成更密集的地图。

(6)基于稀疏地图的 SLAM　将地图表示为一组稀疏的特征点或关键帧,并通过优化算法对相机的轨迹和地图进行优化(图 3-28)。这种方法可以降低计算复杂度,提高实时性。

图 3-28　温室大棚稀疏点云地图

(7)基于稠密地图的 SLAM　将地图表示为像素级的深度图或稠密的点云,并通过稠密的优化算法对相机的轨迹和地图进行优化(图 3-29)。这种方法可以提供更详细的地图信息,但计算复杂度较高。

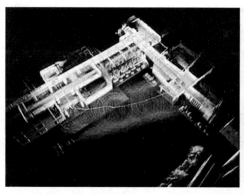

图 3-29　稠密点云地图

除了以上算法和技术外,还有其他一些改进和变体的 SLAM 方法,如基于语义信息的 SLAM、多传感器融合的 SLAM 等。这些方法可以进一步提高 SLAM 的鲁棒性和精度,使其适用于更广泛的应用领域。

(三)视觉 SLAM 在设施农业中的应用

视觉 SLAM 在设施农业导航和定位、路径规划和避障、作物生长监测、病虫害识别以及数据分析和决策支持中具有广泛的应用。

(1)导航和定位　视觉 SLAM 可以通过实时地感知建模环境,帮助设施农业中的机器人、无人机等设备准确地进行导航和定位。这对于室内环境中的农业机器人来说尤为重要，因为室内环境通常没有卫星定位信号，而且存在复杂的结构和障碍物。

（2）路径规划和避障　设施农业机器人需要按照特定的路径进行作业，同时要避开植物、设备和其他障碍物。视觉 SLAM 可以提供精确的地图和环境模型，帮助机器人规划合适的路径并避开障碍物，提高机器人的作业效率和安全性。

（3）作物生长监测　视觉 SLAM 可以通过持续地感知作物的生长情况并建模，帮助农民了解作物的生长状态、生长速度和健康状况。这可以帮助农民及时调整种植策略，提高作物产量和质量。

（4）病虫害识别　视觉 SLAM 可以通过识别和分析作物上的病虫害，帮助农民及早发现并采取措施进行防治。视觉 SLAM 可以提供高分辨率的图像和三维模型，对病虫害进行准确的识别和分类，帮助农民更好地管理农作物。

（5）数据分析和决策支持　视觉 SLAM 可以生成丰富的数据，包括地图、环境模型、作物生长数据等，这些数据可以用于进一步的分析和决策支持。农民可以根据视觉 SLAM 提供的数据，制定更科学和有效的农业管理策略，提高农业生产效益。

综上所述，视觉 SLAM 在设施农业中具有重要的应用价值和独特的优势，可以帮助农民更好地管理农业生产，提高农业生产效益，使其可持续发展。

（四）设施农业中的视觉 SLAM 应用实例

1. 温室中视觉 SLAM 定位导航应用

温室是一种特殊的环境，对于导航和定位来说存在一些独特的挑战。首先，温室内通常没有卫星定位信号，这使得依赖卫星的导航和定位方法无法直接应用。其次，温室内的光线条件可能较暗或不稳定，这对于传感器的选择和数据处理提出了更高的要求。此外，温室内的植物和设备布局通常比较复杂，可能会导致视觉上的遮挡和干扰。

为了应对这些挑战，视觉 SLAM 被广泛应用于温室的导航和定位。视觉 SLAM 利用摄像头捕捉环境中的图像，并通过特征点法、直接法或 RGB-D 法等估计相机的运动和场景的三维结构。以下是一个具体实例，展示了视觉 SLAM 在温室中的应用。

自主移动机器人如何在温室中完成植物检测和采摘的任务？首先，研究人员需要在机器人上安装一个 RGB-D 相机，用于获取环境的彩色图像和深度图像。然后，使用 RGB-D SLAM 算法对机器人的运动和环境的三维结构进行估计。

在导航阶段，机器人通过对当前帧图像和上一帧图像进行特征点匹配，计算相机的运动，并估计机器人的位姿。同时，通过深度图像获取环境的几何信息，如植物的位置和高度。这些信息可以帮助机器人规划移动路径，并避免与植物和障碍物的碰撞。

在定位阶段，机器人根据当前帧图像与地图中的特征点或关键帧进行匹配，通过优化算法对机器人的位姿进行优化。这样可以提高定位的准确性，同时利用地图信息对机器人进行闭环检测，进一步优化轨迹和地图的一致性。

在植物检测和采摘任务中，机器人可以利用估计的植物位置和高度信息，结合计算机视觉和机器学习的方法，对植物进行识别和分类，并规划移动路径完成采摘任务，如图 3-30 所示。

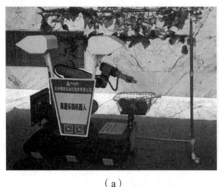

（a）　　　　　　　　　　　　　　　（b）

图 3-30　番茄采摘机器人

通过视觉 SLAM 技术,机器人可以在没有 GPS 信号的情况下实现在温室和大棚中的导航和定位。同时,通过利用深度信息和地图的优化,机器人可以准确地感知环境,并进行任务规划和执行。这种基于视觉 SLAM 的导航和定位技术在温室中具有广阔的应用前景,可以提高生产效率和农业自动化水平。

2. 视觉 SLAM 在农业机器人路径规划和避障中的应用

视觉 SLAM 在农业机器人路径规划和避障中的应用是通过结合机器人的感知能力和地图构建实现的,帮助机器人在复杂农业环境中自主导航和避障。图 3-31 是山东农业大学侯加林等设计的温室视觉 SLAM 导航运输车。

图 3-31　视觉 SLAM 在农业机器人中的应用(侯加林等,2020)

（1）地图构建　机器人使用视觉 SLAM 算法构建温室的地图。机器人通过 RGB-D 相机获取环境的视觉和几何信息,生产一个三维地图。机器人可以使用这个地图进行自主导航和路径规划。

（2）自主导航　基于构建的地图,机器人可以使用导航算法进行路径规划和自主导航(图 3-32)。机器人可以根据目标位置,在地图上规划一条最短路径,并通过控制轮式底盘实现导航。机器人可以实时更新自身位置,并根据路径规划进行移动。

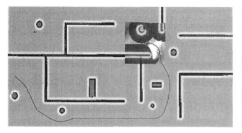

图 3-32　自主导航 Gazebo 仿真(齐政光,2023)

（3）避障技术　机器人通过感知环境中的障碍物来避免碰撞(图 3-33)。利用 RGB-D 相机和激光传感器获取场景中的障碍物信息,机器人可以进行实时的障碍物检测和识别。机器人可以根据障碍物的位置和大小,调整自身的移动路径,以避免与障碍物发生碰撞。

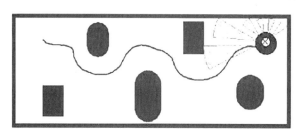

图 3-33　机器人避障(赵海文,2008)

（4）动态障碍物处理　机器人通过连续的感知和路径规划处理动态障碍物的情况。当机器人检测到移动的障碍物时,它可以实时更新地图,并重新规划路径以避开障碍物。这种动态障碍物处理能力可以保证机器人的安全性和稳定性。

总之,视觉 SLAM 在农业机器人中的路径规划和避障技术结合机器人的感知能力和地图构建,实现了机器人在复杂农业环境中的自主导航和避障能力。这样的机器人应用可以提高农业生产的效率和精度,减少人力成本,并为农田或温室的管理提供可靠的解决方案。

3. 视觉 SLAM 在作物生长监测中的应用

视觉 SLAM 可以用于实时监测和评估作物的生长情况。机器人配备高分辨率的相机和激光传感器,可以通过采集作物的图像和深度信息,构建作物的三维模型。机器人可以使用这个模型来分析作物的生长状况,包括作物的高度、密度和覆盖率等指标。通过与历史数据的比较,可以监测作物的生长速度和健康状况,并及时发现异常情况。

（1）实时监测作物高度　机器人配备的相机和激光传感器,通过对作物进行扫描和测量,可以获取作物的高度信息。机器人通过视觉 SLAM 算法将相机图像和激光测量数据进行融合,构建作物的三维模型。随着机器人在作物间移动,不断采集新的图像和深度信息,并将其与已有的模型进行融合,实时更新作物的高度信息。通过比较不同时间点的作物高度,可以监测作物的生长速度和健康状况。

（2）分析作物密度和覆盖率　机器人可以利用相机图像和激光传感器获取作物的图像和深度信息,并通过视觉 SLAM 算法构建作物的三维模型。利用计算机视觉算法,机器人可以对作物图像进行分析,提取作物的轮廓和边界。通过计算作物的密度和覆盖率,可以评估作物的生长情况。机器人可以将这些信息与历史数据进行比较,及时发现异常情况,如作物密度过低或覆盖率不均匀等,从而帮助农民采取适当的措施调整作物的生长状况。

总体而言,视觉 SLAM 在作物生长监测中的应用通过获取作物的图像和深度信息,构建作物的三维模型,并利用计算机视觉算法进行分析,实时监测作物的生长状况,检测病虫害。这些信息可以帮助农民做出更好的决策,提高农作物的产量和质量,同时减少农药的使用量,保护环境。

4. 视觉 SLAM 在病虫害识别中的应用

机器人利用配备的相机和激光传感器,获取作物的图像和深度信息。通过视觉 SLAM 算法构建作物的三维模型,并利用该算法对作物图像进行分析,识别出可能存在的病虫害,并将病虫害位置和严重程度标记在作物模型上。农民可以根据这些信息采取适当的措施,控制病虫害的扩散,并保护作物的健康。

(1)实时病虫害识别 机器人利用配备的相机和激光传感器,对作物进行扫描和测量,获取作物的图像和深度信息。机器人通过视觉 SLAM 算法将相机图像和激光测量数据进行融合,构建作物的三维模型。利用计算机视觉算法,机器人可以对作物图像进行分析,识别出可能存在的病虫害。通过与预先训练好的模型进行比较,机器人可以判断作物是否受到病虫害的侵害以及侵害的程度。机器人可以将检测到的病虫害的位置和程度标记在作物模型上,并及时报告给农民。

(2)病虫害监测和追踪 随着机器人在作物间移动,不断采集新的图像和深度信息,并将其与已有的模型进行融合,实时更新作物的三维模型。通过比较不同时间点的作物图像,机器人可以检测病虫害的扩散和变化。机器人可以将这些信息与历史数据进行比较,及时发现异常情况,并追踪病虫害的传播路径。这些信息可以帮助农民采取适当的措施来控制病虫害的扩散,并保护作物的健康。

(3)智能决策支持 机器人可以将实时监测的病虫害信息与历史数据进行比较,分析作物的健康状况和病虫害的发展趋势。基于这些信息,机器人可以生成智能决策建议,调整农药的使用量、施肥的时间和方式等,以最大程度地控制病虫害的扩散。机器人可以将这些决策建议报告给农民,并在实际操作中提供辅助。

总体而言,视觉 SLAM 在病虫害识别中的应用通过获取作物的图像和深度信息构建作物的三维模型,并利用计算机视觉算法进行病虫害的识别和监测。机器人可以实时报告病虫害的位置和程度,追踪病虫害的传播路径,并提供智能决策建议,帮助农民采取适当的措施控制病虫害的扩散,保护作物的健康。这些信息和建议可以帮助农民提高农作物的产量和品质,减少农药的使用量,降低生产成本,保护环境。

第五节　定位与自主导航

SLAM 算法完成了机器人的定位和地图构建,若想要机器人完成自己行走,还需要在已经构建好的地图上进行定位、自主路径规划和导航。

导航其实就是机器人自主地从 A 点移动到 B 点的过程。当向机器人下达移动到目标点指令时,机器人会按照"我在哪""我将到何处去""我该如何去"三个步骤进行。当机器人想要完成自主导航,就需要在已有地图的基础上,首先重新确定自己在地图中的位置,其次计算出一条由当前位置到给定目标位置的路径,这一过程称为全局路径规划,最后驱动自身抵达目标点,这一过程称为局部路径规划,同时还需考虑避障。在这三个步骤中,第一个步骤需要对机器人的位姿进行估计,纠正机器人错误的位姿,第二个步骤需要通过全局路径规划算法计算出最优的机器人可行路径,第三个步骤需要通过局部路径规划算法让机器人避开周围的障碍物并最终抵达目标点。

一、Navigation 导航系统

Navigation 是机器人导航系统最重要的组件之一,大多数机器人的导航功能都是基于此。导航系统以导航目标、定位信息和地图信息为输入,以操控机器人的实际控制量为输出。首先要知道机器人在哪,然后要知道机器人需要到达的目标点在哪,最后就是寻找路径并利用控制策略开始导航。导航目标通常人为指定或者由特定程序触发,这其实回答了问题"我将到何处去"。定位信息通常由 SLAM 或者其他定位算法提供,这其实回答了问题"我在哪"。而地图信息为导航起点和目标点之间提供了障碍物描述,在此基础上机器人可以利用路径规划算法寻找路径,并利用控制策略输出实际线速度和角速度控制量进行导航。

(一)自适应蒙特卡罗定位算法

自适应蒙特卡罗定位(Adaptive Monte Carlo Localization,AMCL)是一种采用粒子滤波器来跟踪已知环境地图中机器人实时位姿的定位算法。该算法是在传统的蒙特卡罗定位(Monte Carlo Localization,MCL)算法之上加入了机器人定位失效恢复的功能,使机器人在"绑架后"能迅速重定位。

传统的 MCL 算法适用于位姿跟踪和全局定位两类问题,该算法通过粒子群初始化、运动预测、计算粒子评分及重要性采样四个过程完成移动机器人实时定位。图 3-34 为 MCL 算法流程图。

(1)粒子群初始化　初始时刻,机器人不能确定相对已知地图中自身的位置,MCL 算法使用大量粒子模拟移动机器人运动状态,使可能表示机器人位姿的粒子在空间内均匀分布。

(2)运动预测　根据上一时刻粒子群和机器人运动状态构建状态转移模型,通过状态转移模型预测下一时刻粒子集合。

(3)计算粒子评分　通过当前时刻观测值对预测粒子进行评价(计算权重),越接近于真实状态的粒子,其权重越大。

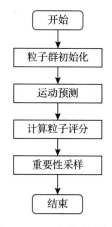

图 3-34　MCL 算法流程图

(4)重要性采样　根据粒子权重对粒子进行筛选,去除小权重粒子,而权重大的粒子则被保留,最终得到具有均匀重要性权重的粒子集合。

重复第 2~4 步骤,将重采样后的粒子不断循环计算粒子评分,并经重要性采样得到新的预测粒子,最终粒子将聚集在机器人周围,证明该算法可以确定机器人在已知地图中的位姿。

MCL 算法以上述过程解决了移动机器人全局定位的问题,但是不能从定位失效中恢

复。而 AMCL 算法在机器人遭到"绑架"时,增加随机粒子到粒子集合,然后重复 MCL 算法的采样步骤,最终解决了机器人"绑架"后定位失效的问题。其中,增加随机粒子的方法应考虑两个方面的问题:一是,在每次算法迭代中,应当增加多少粒子;二是,该遵循哪种分布产生这些粒子。

针对第一个问题:AMCL 算法采用的粒子的权值即为观测概率的随机估计。因此,随机粒子数量的近似值可以通过将粒子的权值与总体的观测概率进行匹配获得。

针对第二个问题:AMCL 算法采用粒子均匀分布的方法。在位姿空间里均匀分布粒子,用当前观测值加权这些粒子。

传统的 MCL 算法仅使用固定大小样本集合的粒子滤波器。但为了避免采样消耗引起的发散,该算法生成的粒子数目通常比较多,从而造成了计算浪费的问题。AMCL 算法中加入了 KLD 采样算法,该采样算法能随时间改变粒子数,解决了计算资源浪费的问题。且 AMCL 算法与传统的 MCL 算法相比,更具鲁棒性和稳定性。

(二)代价地图

代价地图(Costmap)就是为方便路径规划,在 SLAM 生成地图的基础上进行各种加工得到的新地图。代价地图在原始地图上实现了两张新的地图,一个是 local_costmap,另一个是 global_costmap,分别用于局部路径规划和全局路径规划,且都可以配置多个图层,包括下面几种。

(1)静态地图层(Static Map Layer) 基本上不变的地图层,通常是 SLAM 建立完成的静态地图。

(2)障碍地图层(Obstacle Map Layer) 用于动态记录传感器感知到的障碍物信息。

(3)膨胀层(Inflation Layer) 在以上两层地图上进行膨胀(向外扩张),以避免机器人工作时撞上障碍物。

(4)其他层(Other Layers) 通过插件形式自己实现代价地图,目前已有 Social Costmap Layer、Range Sensor Layer 等开源插件。具体来说,代价地图的初始化流程为:①获得全局坐标系和机器人坐标系的转换;②加载各个图层;③设置机器人的轮廓;④实例化从上图 costmap 2D Publisher 来发布可视化数据;⑤通过 movement CB 函数不断检测机器人是否在运动;⑥开启动态参数配置服务,服务启动更新地图的线程。

其中静态地图层处理 Gmapping 或者 AMCL 产生的静态地图;障碍地图层主要处理机器人移动过程中产生的障碍物信息;膨胀层主要处理机器人导航地图上的障碍物膨胀信息,尽可能地让机器人更安全地移动。图 3-35 为处理过的代价地图。

二、全局路径规划

全局路径规划属于静态规划,又称为离线路径规划,一般应用于机器人运行环境中已经对障碍信息完全掌握的情况下,规划一条从起点到终点的最优路径。路径规划算法分类很多,如基于采样的方法(Voronol、

图 3-35 代价地图(齐政光,2023)

RRT、PRM 等)、基于图搜索的方法(Dijkstra、A＊、D＊、BFS、DFS)、基于生物启发的方法(蚁群算法、鼠类脑细胞、仿生算法等)。

全局路径规划通过 Navigation 中的 navfn 或者 global_planner 插件实现,navfn 插件实现了 Dijkstra 最短路径算法,计算出在 Costmap 上的最小花费路径,即全局路径。此外,也可以用 A＊算法代替 Dijkstra 算法。

Global_planner 插件根据给定目标位置进行总体路径规划,它为导航提供了一种快速的内插值的全局规划器,比 navfn 更加灵活,但是在算法上仍然使用的是 Dijkstra 算法和 A＊算法。

Dijkstra 算法比 A＊算法搜索范围更大,搜索出的路径为最优路径,但搜索节点过多、计算量大。而 A＊算法搜索节点更具目的性,但搜索节点不是最优路径,Dijkstra 算法与 A＊算法搜索路径对比,如图 3-36 所示。

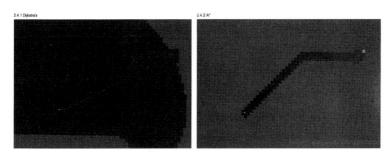

图 3-36 Dijkstra 算法与 A＊算法对比

三、局部路径规划

移动机器人在实际环境中执行路径规划任务时,环境信息可能会发生变化,如静态物品位置变动、动物、行人等,这种情况的发生会导致机器人全局规划失败,所以必须引入局部路径规划。机器人沿着全局路径规划后的路径前行,通过传感器对周围工作环境进行探测,当遇到与静态地图层不匹配的障碍物时,获取新障碍物的位置和几何性质等信息,调用局部路径规划算法重新规划最优路径,从而使机器人能避开障碍物到达目标位置点。

目前主流的局部路径规划算法有人工势场法、动态窗口法(DWA)、时间弹性带算法等。Navigation 中完成全局路径规划之后,使用 DWA 算法完成局部路径规划,DWA 算法的原理主要是在已知移动机器人运动模型的基础上,在速度空间 (v, ω) (其中 v 表示线速度,ω 表示角速度)中采样多组速度,并模拟这些速度在一定时间内的运动轨迹,通过一个评价函数对这些轨迹打分,选择最优的速度发送给控制板,实现避障功能。图 3-37 所示为 DWA 算法示意图。

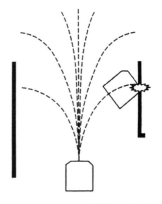

图 3-37 DWA 算法示意图

参 考 文 献

侯加林,蒲文洋,李天华,等,2020. 双激光雷达温室运输机器人导航系统研制[J]. 农业工程学报,36(14):80-88.

黄一霖,王琳,施印炎,等,2023. 农业机器人底盘研究现状与展望[J]. 拖拉机与农用运输车,50(3):15-19.

李翊宁,周伟,宋树杰,等,2017. 温室作业用柔性底盘试验样机的设计[J]. 农业工程学报,33(19):41-50.

李彰,2020. 仿犬类柔性脊柱型四足机器人的运动协调性与控制[D]. 武汉:武汉理工大学.

李志强,陈黎卿,2020. 农业植保机器人研究现状及展望[J]. 玉林师范学院学报,41(3):1-14,2.

齐政光,2023. 基于激光雷达与深度相机数据融合的机器人导航系统研究[D]. 济南:济南大学.

石梓廷,张华,2022. 温室作业柔性移动底盘的设计与分析[J]. 湖南农业科学,(3):79-82,87.

谭昊然,2023. 基于激光SLAM的温室自主作业平台导航系统设计与试验[D]. 杨凌:西北农林科技大学.

徐潺,范艳,刘成,等,2019. 山地6×6自走式多功能底盘控制系统开发与应用研究[J]. 现代机械,(4):79-82.

徐文枫,2023. 多传感信息融合的移动机器人建图与导航方法研究[D]. 天津:河北工业大学.

赵海文,2008. 基于多传感器的移动机器人行为控制研究[D]. 哈尔滨:哈尔滨工业大学.

诸奇杰,2024. 设施蔬菜自主移栽平台设计及控制方法研究[D]. 杭州:浙江理工大学.

第四章　设施农业机器人刚柔机械臂

设施农业的核心目标是提高农作物的产量和质量,同时确保生产过程的安全和环保。刚性机械臂由于其结构稳定性好和承载能力强,常被用于执行需要较高精确度和重复性的任务,可用于自动化播种、施肥、除草、收割等作业,减少人工操作的误差,降低劳动者的劳动强度,它们可以精确地控制操作力度和速度,确保农作物在生长过程中得到适当的照料。柔性机械臂则具有更高的灵活性和适应性,能够处理更复杂和精细的任务,可以应对不同形状和大小的农作物,实现更精确的操作,减少农作物损伤,提高采收效率。无论是刚性机械臂还是柔性机械臂,它们都可以与传感器、摄像头等技术相结合,实现智能感知和决策,通过实时监测农作物的生长情况、病虫害发生等信息,机械臂可以自动调整操作策略,确保农作物的健康和安全。机器人刚柔机械臂在设施农业中发挥着重要作用,它们通过自动化、智能化的操作方式,提高农业生产的效率和质量,推动设施农业向更高效、更环保的方向发展。

第一节　设施农业机器人关键技术——机械臂

农业机器人是在复杂或非半结构化环境下,主要以生物活体为作业对象,服务于农业生产的单机、多机自主作业装备或系统,它是智能农业装备的高端形态,具有作业环境、操作对象、装备状态、人员行为等信息的全域感知能力,融合机器学习、知识推理、人机交互、作业规划等的自主决策能力,以及灵巧作业、动态伺服、运动协同、多机协作等精准执行能力,能在繁重、恶劣、有危害的作业场景下实现精准、高效的生产目标。

一、农业机器人产业需求

党的二十大报告明确提出,全面推进乡村振兴,强化农业科技和装备支撑。这是以习近平同志为核心的党中央对加快农业科技进步、实现农业高水平科技自立自强作出的又一重要战略部署。我国农业综合机械化率日益提高,农业机械化解放了劳动力、提高了劳动生产率,基本解决了田间联合收割等作业条件一致性较好、适宜大规模自动化的生产环节。然而,农业生产仍然广泛存在现有农机装备难以胜任的高、精、尖、难作业任务,于是对具有感知决策、眼手协同控制等智能化自主作业能力的农业机器人提出了明确需求。现代农业已经走向智能化、精细化时代,许多农业生产场景都需要类似人工灵巧作业的机器。农业机器人应运而生,能够承担农业从业人员"干不了""干不好""干不快""不愿干""危害大"等的工作。"干不了"指不间断劳作和苛刻的自然条件使得人力难以企及的生产场景;"干不好"指批量高效率精细作业难题,如高速嫁接等;"干不快"指对高效精细操作有要求的生产环节,农业机器人能够显著提升生产效率和产品质量,如精密定植等;"不愿干"指高劳动强度或长时间枯燥机械作业的工作,如采摘;"危害大"指存在较大有损从业人员健康安全的生产环节,如植保喷药。随着机器人行业设计、感知、决策、控制等共性技术发展,机器视觉、轨迹规划、定位导航等单元技术性能趋于成熟,为农业机器人场景落地提供了技术支撑。

二、农业机器人机械臂应用技术挑战

与结构化环境下作业的工业机器人不同,农业机器人处于非结构化、不确定性的作业环境,面临自主柔性作业要求高、场景动态适应性强等重大技术问题,对复杂场景下的目标识别、机器视觉、动态环境下避障规划与实时轨迹控制等机器人共性前沿技术提出了更高要求。

(一)生物环境感知难

农业机器人对象多变,需重点突破以下关键理论技术。

(1)作业环境与对象多源异构信息的高精度原位传感新原理、新材料、新方法。

(2)基于物景多源数据的高精度、可靠农业目标识别、实例分割和空间定位等机器学习模型算法。

(3)嵌入数据清洗、特征提取、参数补偿、多传感数据融合等片上模型的智能边缘计算模组设计。

这些是农业机器人"眼睛"面临的技术挑战。

(二)认知决策控制难

农业环境场景对象的准确认知决策控制是计算机、数据科学和人工智能领域的核心问题,需重点突破以下关键理论技术。

(1)基于多源感知异构信息的物景认知,包括数据高效标注、语义分析、行为识别、知识推理等。

(2)基于机器学习的智能决策,包括任务规划、路径规划、轨迹规划、运动规划等。

(3)面向高动态、强干扰、高并发任务的自适应鲁棒控制,包括机器人多部件协同控制等。

(4)基于多核处理器、NPU等专用芯片的农业机器人控制器设计,农业机器人操作系统(Agri-ROS)及其应用生态构建,网络化农业机器人端边云协同。

这些都是农业机器人"大脑"面临的技术挑战。

(三)高效精准作业难

农业机器人的操纵任务是实现高效精准作业,需重点突破以下关键理论技术。

(1)生物友好的轻量化柔性机械臂设计。

(2)力觉与触觉敏感、视觉伺服的驱控一体智能末端执行器设计。

(3)灵巧采摘、高速嫁接等机器人快速高效眼手协同作业。

这些是农业机器人"手臂"面临的技术挑战。

(四)眼脑手脚协同难

农业机器人作业场景复杂、作业任务多样,需重点突破以下关键理论技术。

(1)农业机器人眼脑手脚集成设计技术。

(2)机器人多运动部件协同、人机交互技术。

(3)云环境下机器人集群规划调度方法。

这些是农业机器人"系统"面临的技术挑战。

综上可知,五大技术挑战贯穿农业机器人设计、控制、制造、应用全过程。农业机器人技术门槛高、开发难度大、高可靠与低成本矛盾突出等,是农业机器人产业发展必须解决的问题。

机械臂作为采摘机器人中重要组成部分之一,可以根据预先设定的程序或传感器采集的信息精确地控制各个关节的运动,以实现对不同形状、大小和位置的水果或蔬菜的抓取和采摘,提高采摘效率。并且能够配合视觉识别、深度学习等技术,实现自动化的采摘过程。通过识别目标物体的位置、成熟度等特征,机械臂可以智能地进行作业,提高采摘的准确性和效率。采摘工作通常是重复性、劳动密集的工作,机械臂的应用可以有效减少人力投入,降低劳动强度,提高工作效率,并且避免了对人力资源的过度依赖。机械臂还可以根据不同的采摘场景和环境进行灵活调整和应用,适应于不同类型的作物、种植方式和采摘需求,提高采摘机器人的适用性和多功能性。

采摘机械臂复杂且多样,国外机械臂研究起步较早,技术也相应成熟,研发进度相对较快并且商业化程度较高。我国采摘类机械臂起步较晚,并且由于种植环境较为复杂,机械臂人工智能化发展进度缓慢。

现有采摘机械臂大多以工业机械臂为基础,体积较大。由于采摘过程的复杂性,机械臂控制部分十分复杂,这也使得成本更加高昂,如何降低成本、缩小体积、精简控制也成为目前采摘类机械臂面临的一大难题。同时果蔬的种植环境也是制约采摘类机器人发展的一大关键问题。目前我国果蔬的种植管理模式复杂多变,没有统一规范的种植管理工艺,植株从播种到采摘大多以人工操作为主,这也导致采摘类机器人的推广难度大。推动标准化种植管理,为采摘类机器人提供良好的实践条件有助于推动采摘类机器人实用化的发展。

工业机器人大多工作在室内,甚至是固定在某一位置,完成固定动作。与之不同的是,农业机器人面临的环境更加复杂,植株的种植环境、果蔬的生长状态以及果蔬的采摘方式都是果蔬类采摘机器人技术发展需攻克的难题。如今果蔬规范化种植规模越来越大,逐渐成为果蔬种植的潮流,不仅方便管理,同时也为采摘机械臂运动提供了十分便利的前提条件。

目前各行各业都有着标准化的设计,不仅有利于商业化量产,在更新和维修方面也十分高效便捷。现在有关番茄采摘机械臂的研究虽然很多,但诸多复杂零件都是非标准设计,十分不利于番茄采摘机械臂未来的发展,因此需要研究制定统一的标准。

三、采摘机械臂结构简析

采摘机械臂的目的是整机能够在控制系统的调度下使末端采摘手爪平稳到达指定采摘位置,完成采摘动作,而完成这一系列动作所要求的机械臂的承载能力、灵活性、稳定性以及工作空间满足采摘要求等指标与机械臂的构型选择有着直接关系。目前采摘机械臂的研究方向可分为工业机械臂和柔性机械臂,机械臂构型包括直角坐标型、极坐标型、圆柱坐标型和关节型等。

(1)直角坐标型机械臂 主要由三个互相垂直的移动关节组成,如图 4-1(a)所示,机械臂沿轴线方向进行移动,可以到达移动关节限制位姿的任意点位。该型机械臂整体结构刚度大,控制简单,精度较高,但占地空间较大,作业范围较小,灵活性较低。

(2)极坐标型机械臂 由两个旋转关节和一个移动关节组成,如图 4-1(b)所示,机械臂可以完成前后旋转、上下伸展、左右摇摆等动作,末端可以到达移动关节所限制的球体空间的任意点位。相比直角坐标型,极坐标型机械臂更加灵活,结构紧凑,但控制精度要求较高,负载能力较小。

(3)圆柱坐标型机械臂 由旋转关节和两个移动关节组成,如图 4-1(c)所示,机械臂可以完成转动以及上下前后拉伸动作,末端可以到达移动关节所限制的圆柱体空间的任意点位,而且占地面积较小,工作范围大,但控制比较复杂,且精度和负载能力较低。

(4)关节型机械臂 由三个转动关节组成,分别为腰部、肩部和肘部,如图 4-1(d)所示,机械臂可以模拟人手完成相应动作,末端可以到达以完全伸展连杆为半径的球体空间的任意点位。相比其他构型,关节型机械臂最为灵活,工作空间较大,占地面积较小,但负载能力以及精度仍存在不足之处。

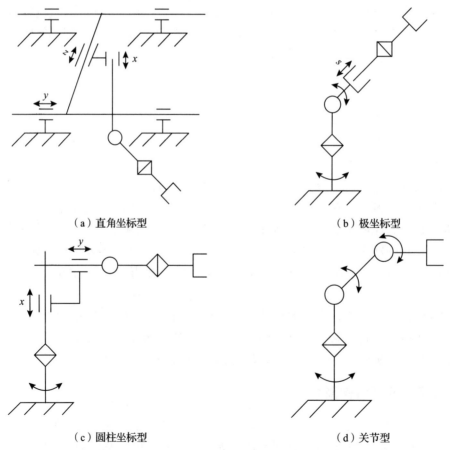

(a)直角坐标型　　　　　　　　　　　　　　　(b)极坐标型

(c)圆柱坐标型　　　　　　　　　　　　　　　(d)关节型

图 4-1　机械臂构型

四、柔性机械臂结构分类

(一)气动柔性机械臂

柔性驱动器是软体机器人的核心驱动部件,气动柔性驱动器是最早发展的形式。伴随制造技术的同步发展,与 3D 打印、铸造等多种制造方法结合使得气动柔性驱动器种类、形式丰富。气动柔性驱动器的运动原理是通过设计约束或结构的不对称性使得自身表现出运动的各向异性,在内部气压的驱动下可以沿着某个约束较弱的自由度方向发生形变,以达到驱动目的。按照约束的种类,气动柔性驱动器大致可分为以下几种。

1. 纤维约束型气动驱动器

这类驱动器是最早开始研究的。使用纤维编织网状约束包裹在弹性体外,根据编织网编织方式和织物的不同可分为针织型和梭织型,如图 4-2 所示。最经典的代表即美国物理学家在 20 世纪 50 年代发明的 McKibben 型气动人工肌肉,如图 4-3 所示。国内外均对其做了大量的理论研究(管清华等,2020)。它由梭织网作为纤维约束,套在内部柔性的空腔体外面,当内部受到气压时柔性体在梭织网约束作用下沿径向膨胀,同时轴向收缩以此来模拟生物肌肉的收缩运动。

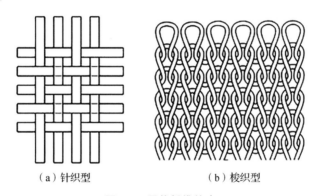

（a）针织型　　　　　（b）梭织型

图 4-2　网状纤维约束

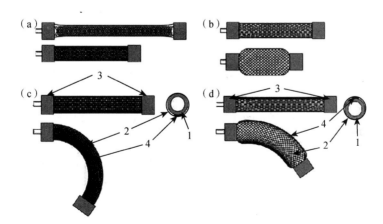

图 4-3　美国物理学家在 20 世纪 50 年代发明的 McKibben 型气动人工肌肉

1. 弹性软管;2. 编织袖套;3. 端部连接件;4. 约束增强结构

(a)伸长型;(b)收缩型;(c)伸长弯曲型;(d)收缩弯曲型

2. 弹性气室结构驱动器

这类驱动器没有额外的纤维网约束,而是通过在自身结构中特定位置设计气室来实现特定的变形,通常由弹性模量较低的硅胶浇筑制成。弹性气室结构驱动器通常由柔软的气室构成,这些气室可以通过气体的压缩或膨胀实现运动。气室的柔软性和弹性能够使得驱动器具有较好的适应性和灵活性。弹性气室结构驱动器的工作原理基于气动控制,通过控制气体的压力和流动来实现驱动器的运动。通常使用压缩空气或其他气体作为动力源。相较于传统的机械驱动装置,弹性气室结构驱动器具有较高的能量转换效率,能够在较短的时间内完成运动任务。弹性气室结构驱动器可以通过调节气体的压力和流量来实现对运动的精确控制,满足不同场景下的运动需求。由于使用气体作为动力源,弹性气室结构驱动器不会产生液体泄漏或污染,具有较好的环保性。弹性气室结构驱动器适用于各种不同的机械应用领域,如自动化生产线、夹具装置等。

3. 柔性波纹管驱动器

为提高气动肌肉负载能力、驱动力以及刚度,研究者利用 3D 打印技术将高弹性模量的柔性材料一体成型为波纹管状结构,内部充气,利用自身波纹管若干褶皱处纵向与径向很大的运动约束差异,实现轴向伸长变形。柔性波纹管驱动器是一种特殊类型的驱动装置,通常用于传递力量或运动,具有一定的柔性和弯曲性。柔性波纹管驱动器主要由柔性的波纹管构成,这种管道具有弯曲性和弹性,能够在受到压力或扭转时发生形变,可以通过波纹管内部传递压力或扭矩,从而实现力量的传递。这种结构可以使得驱动器在一定程度上承受外部应力而不会损坏。由于采用柔性的波纹管结构,柔性波纹管驱动器具有较好的适应性和柔韧性,能够适应复杂的工作环境和运动要求。波纹管的柔性结构使得柔性波纹管驱动器具有一定的缓冲效果,能够减少震动和冲击对系统的影响,提高设备的稳定性和可靠性。柔性波纹管驱动器具有良好的密封性能,能够防止液体或气体的泄漏,适用于一些对密封要求较高的场合。

4. 折叠褶皱型气动驱动器

这类驱动器利用折叠结构的可展开性,折叠的褶皱部分在充气后充分展开以此实现伸长等运动折叠方式。折叠褶皱型气动驱动器是一种采用空气压力作为动力源的先进软体机器人技术。这类驱动器以其独特的柔性材料(如硅胶)和内部折叠褶皱设计,实现了在无须复杂关节和硬质部件的情况下的运动能力,包括伸长、弯曲或旋转。这种运动是通过内部气体压力的变化来控制的,气体的注入导致膨胀,而排出则使其回缩。这些特性使得折叠褶皱型气动驱动器特别适合于需要柔性操作和安全互动的应用,如医疗器械、软体机器人和智能制造等领域。尽管这种驱动器在柔性、轻便性以及安全性方面具有显著优势,但其面临的挑战包括有限的力量和速度、精确控制与重复性的困难,以及材料耐久性和寿命问题。未来,随着材料科学和控制技术的进步,这些问题有望得到改善,从而扩大折叠褶皱型气动驱动器的性能和应用范围。

气动驱动器是软体机器人的核心组成部分,可根据材料加工、结构形式、约束方式等不同进行分类,如表 4-1 所示为多种结构的气动柔性驱动器的驱动形式和优缺点。其中,弹性流体/气室机械臂驱动力与气压承载力较小,一般应用于医疗、可穿戴设备等领域。柔性波纹管机械臂与 3D 打印技术的结合,极大地扩展了其制作材料种类与性能范围,但由于褶皱的存在,运动范围受限,一般应用于负载较大的场合。纤维式气动软体机械臂,利用硅胶等弹性体充气后变形,并在纤维网的约束下发生特定的形变,可以通过设计不同的约束网实现不同的驱动形式。

表 4-1　气动柔性驱动器分类概述

种类	驱动形式	优点	缺点
纤维式气动软体机械臂	编织网袖套式	制作简单、输出力高、可在两个方向进行伸缩	摩擦力大,驱动迟缓
	纤维嵌入式	设计灵活、无摩擦、驱动形式多	制作复杂,输出力较小
弹性流体/气室机械臂	并列或串联气室	灵活性好	承载能力低,驱动力小
柔性波纹管机械臂	3D 打印柔性材料	刚度大、承载能力强、材料种类多、可设计驱动范围大	柔顺性差,运动范围受限

(二)线控柔性机械臂

线控柔性机械臂根据自身的结构组成可分为刚性关节式与柔性体式两大类。刚性关节式连续体型机器人根据自身的组成关节可分为十字轴式、球铰式、万向环式,常采用绳索驱动的方式。柔性体式机器人根据臂部的材料分为柔性杆式、柔性关节式、软体机器人,这类机器人拥有多样驱动方式。

对于十字轴式的连续体型机器人,克莱姆森大学(Gravagne,2000)对其进行了较早的研究,如图 4-4 所示,所设计的象鼻机械手由四段组成,具有 8 个自由度。美国加州大学洛杉矶分校的 Jacob Rosen 等将连续体型机器人进行微型化设计,研发出微创手术机器人,如图 4-5 所示,其手臂长度和直径分别为 81 mm、14 mm,从而将这类机器人用于人体的微创手术。

 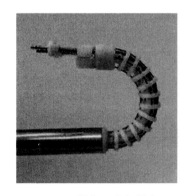

图 4-4　象鼻机械手　　　　　图 4-5　微创手术机器人

对于球铰式关节的连续体型机器人,OCRobotics 公司在 2005 年设计了两款不同长度、不同直径的机械臂。由于核电站反应堆中拥有众多管道,工作人员或传统机器人无法在其狭窄的空间中开展维修任务,因此 OCRobotics 公司通过研制的机械臂成功完成对核电站压力容器中一段安全管道的替换(图 4-6)。随着对球铰式关节机械臂的深入研究,球铰式关节机械臂在微创领域也有较多的应用研究。韩国 Daekeun Ji 团队在微创领域中使用球铰关节式机械臂的过程中发现,手臂末端受力时发生的扭转变形会降低末端位置精度,不利于手术的进行。该团队设计了直径为 20 mm 且关节间拥有限制球与滑槽结构的球铰式关节(图 4-7),以提高末端精度,并通过自身搭建的光学追逐系统,测得该机械臂在无载荷状态下的位置误差小于 0.5 mm。

图 4-6 OCRobotics 公司设计的
机械臂进行核管道更换

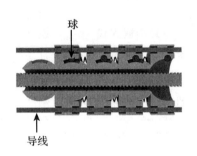

图 4-7 韩国 DaekeunJi 团队研发的
球铰式关节

对于万向环式关节的连续体型机器人,国内常将其用于结肠检测。这种万向环式关节在其两侧各有一对铆接耳,铆接耳之间相距 90°分布,并通过铆钉将万向环连接,驱动绳线通过导向孔对机器人进行控制。

对于柔性体式中的柔性关节式机器人,英国诺丁汉大学设计了多款柔性关节,这种柔性关节不同于以往的刚性关节,十字轴式关节或球铰式关节的刚性关节通过关节间的相对转动组合成身体的整体运动,而柔性关节则依靠关节上柔性部分的变形组合成身体的整体运动,如图 4-8 所示。国内的周圆圆团队利用激光切割和线切割一体成型工艺对超弹性材料进行加工,如图 4-9 所示,使其加工为具有十字交错的镂空结构,这种镂空结构作为机器人的柔性关节令机器人在具有较大变形能力的同时,也保证了身体间的连续变形能力。

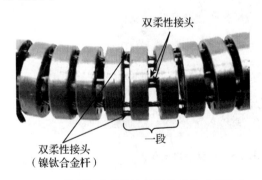

图 4-8 诺丁汉大学设计的柔性关节式机器人

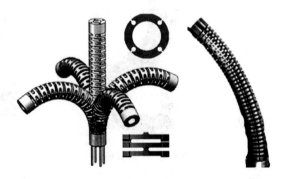

图 4-9 周圆圆团队设计的弹性金属式机器人

第二节　机械臂的运动学与动力学建模

一、机械臂的运动学建模及优化

机械臂的运动学是从几何角度出发,对机械臂的位置、速度、加速度等进行分析,而不考虑机械臂的物理特性和加速度的影响。机械臂运动学问题主要在机械臂的工作空间和关节空间中讨论,包括正向运动计算和逆向运动计算两部分,为描述笛卡尔空间和关节空间运动学参数的转换,由关节空间参数求解笛卡尔空间机械臂末端运动参数的过程称为正向运动计算,反之为逆向运动计算。机械臂正向运动学建模方法主要包括几何模型法、D-H 参数法等。几何模型法适用于结构简单的机械臂,尤其适合平面机械臂。D-H 参数法具有较强的通用性,对于串联机械臂、并联机械臂都适用。而其他建模方法,如旋量法、四元数法等,则各有侧重。

(一)位姿描述

存在一个参考坐标系{A},在坐标系中有一个点,命名为点 P。点 P 在参考坐标行中的坐标为 p_x、p_y、p_z,如图 4-10 所示。点的位置可以由多种形式表示,有位置矢量的 ^AP 形式,见式(4-1),以及矢量和的形式,见式(4-2)。

$$^A\boldsymbol{P} = \begin{bmatrix} p_x & p_y & p_z \end{bmatrix}^F \tag{4-1}$$

$$^A\boldsymbol{P} = p_x \vec{i} + p_y \vec{i} + p_z \vec{i} \tag{4-2}$$

若点 P 的位置存在一个刚体,在刚体上建立坐标系{B}。将坐标系{B}用于描述刚体的姿态,如图 4-11 所示。在参考坐标系{A}中表示出坐标系{B}的三个坐标轴 x_B、y_B、z_B,从而构造刚体的姿态矩阵 $^A_B\boldsymbol{R}$。

$$^A_B\boldsymbol{R} = \begin{bmatrix} ^A\boldsymbol{x}_B & ^A\boldsymbol{y}_B & ^A\boldsymbol{z}_B \end{bmatrix} = \begin{bmatrix} r_{11} & r_{12} & r_{13} \\ r_{21} & r_{22} & r_{23} \\ r_{31} & r_{32} & r_{33} \end{bmatrix} \tag{4-3}$$

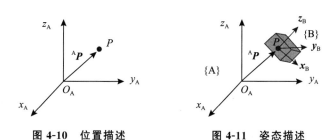

图 4-10　位置描述　　　　　图 4-11　姿态描述

姿态矩阵 $^A_B\boldsymbol{R}$ 中的元素具有正交性,且姿态矩阵的逆等于其转置。

$$^A\boldsymbol{x}_B \cdot {}^A\boldsymbol{y}_B = {}^A\boldsymbol{y}_B \cdot {}^A\boldsymbol{z}_B = {}^A\boldsymbol{z}_B \cdot {}^A\boldsymbol{x}_B = 0$$

$$^A\boldsymbol{x}_B \cdot {}^A\boldsymbol{x}_B = {}^A\boldsymbol{y}_B \cdot {}^A\boldsymbol{y}_B = {}^A\boldsymbol{z}_B \cdot {}^A\boldsymbol{z}_B = 1$$

$$_A^B\boldsymbol{R} = {_A^B}\boldsymbol{R}^{-1} = {_A^B}\boldsymbol{R}^T, |_A^B\boldsymbol{R}| = 1 \qquad (4-4)$$

因此，可以通过位置矢量和姿态矩阵对刚体的位姿进行描述。用 $^A\boldsymbol{P}_B$ 表示坐标系{B}中原点在参考坐标系{A}中的坐标，用 $_B^A\boldsymbol{R}$ 表示刚体坐标系{B}相对于参考坐标系{A}的姿态矩阵。

(二)齐次变换

现将点 P 在坐标系{B}中表示为 $^B\boldsymbol{P}$，那么可以得到：

$$^A\boldsymbol{P} = {_B^A}\boldsymbol{R}^B\boldsymbol{P} + {^A}\boldsymbol{P}_B \Rightarrow \begin{bmatrix} ^A\boldsymbol{P} \\ 1 \end{bmatrix} = \begin{bmatrix} _B^A\boldsymbol{R} & ^A\boldsymbol{P}_B \\ 0 & 1 \end{bmatrix} \begin{bmatrix} ^B\boldsymbol{P} \\ 1 \end{bmatrix} \qquad (4-5)$$

可得：

$$_B^A\boldsymbol{T} = \begin{bmatrix} _B^A\boldsymbol{R} & ^A\boldsymbol{P}_B \\ 0 & 1 \end{bmatrix} \qquad (4-6)$$

将矩阵 $_B^A\boldsymbol{T}$ 称为坐标系{A}与坐标系{B}之间的齐次变换矩阵。

刚体在空间中有多种运动方式，如果刚体以姿态不变的方式朝某个方向运动，称为刚体的平移运动，如图 4-12 所示。平移的距离可以在参考坐标系上用三个分量 d_x、d_y、d_z 来表示，刚体的平移矩阵为：

$$_B^A\boldsymbol{T} = \begin{bmatrix} 1 & 0 & 0 & d_x \\ 0 & 1 & 0 & d_y \\ 0 & 0 & 1 & d_z \\ 0 & 0 & 0 & 1 \end{bmatrix} \qquad (4-7)$$

当刚体基于某一轴进行旋转时，称为旋转运动，如图 4-13 所示。旋转运动分为三类，绕不同轴旋转会有不同的旋转矩阵：

$$\text{Rot}(x,\theta) = \begin{bmatrix} 1 & 0 & 0 & 0 \\ 0 & \cos\theta & -\sin\theta & 0 \\ 0 & \sin\theta & \cos\theta & 0 \\ 0 & 0 & 0 & 1 \end{bmatrix}$$

$$\text{Rot}(y,\theta) = \begin{bmatrix} \cos\theta & 0 & \sin\theta & 0 \\ 0 & 1 & 0 & 0 \\ -\sin\theta & 0 & \cos\theta & 0 \\ 0 & 0 & 0 & 1 \end{bmatrix}$$

$$\text{Rot}(z,\theta) = \begin{bmatrix} \cos\theta & -\sin\theta & 0 & 0 \\ \sin\theta & \cos\theta & 0 & 0 \\ 0 & 0 & 1 & 0 \\ 0 & 0 & 0 & 1 \end{bmatrix} \qquad (4-8)$$

刚体在空间中往往是以平移与旋转相结合的方式进行复合运动，如图 4-14 所示，平移与旋转的先后顺序会产生不同的变换矩阵形式。

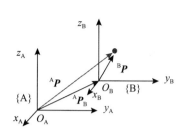

图 4-12　平移运动

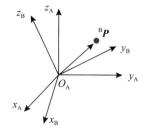

图 4-13　旋转运动

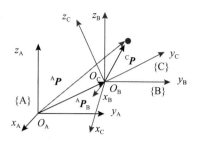

图 4-14　复合运动

当先旋转后平移时，齐次变换矩阵为：

$$
{}_{B}^{A}\boldsymbol{T} = \begin{bmatrix} {}_{B}^{A}\boldsymbol{R} & 0 \\ 0 & 1 \end{bmatrix} \begin{bmatrix} 1 & {}^{A}\boldsymbol{P}_{B} \\ 0 & 1 \end{bmatrix} = \begin{bmatrix} {}_{B}^{A}\boldsymbol{R} & {}_{B}^{A}\boldsymbol{R}{}^{A}\boldsymbol{P}_{B} \\ 0 & 1 \end{bmatrix} \tag{4-9}
$$

当先平移后旋转时，齐次变换矩阵为：

$$
{}_{B}^{A}\boldsymbol{T} = \begin{bmatrix} 1 & {}^{A}\boldsymbol{P}_{B} \\ 0 & 1 \end{bmatrix} \begin{bmatrix} {}_{B}^{A}\boldsymbol{R} & 0 \\ 0 & 1 \end{bmatrix} = \begin{bmatrix} {}_{B}^{A}\boldsymbol{R} & {}^{A}\boldsymbol{P}_{B} \\ 0 & 1 \end{bmatrix} \tag{4-10}
$$

式中 ${}^{A}\boldsymbol{P}_{B}$ 为坐标系 $\{B\}$ 的原点在坐标系 $\{A\}$ 中的坐标表达。

刚体在进行多次旋转或者复合运动时，称为旋转变换，如图 4-15 所示，由于矩阵运算的特点，变换矩阵进行"左乘"与"右乘"将会产生不同的运算结果。若都是基于基坐标进行齐次变换，遵循"左乘基"原则，矩阵如下：

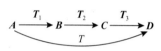

图 4-15　旋转变换

$$
\boldsymbol{D} = \boldsymbol{T}_{3}\boldsymbol{T}_{2}\boldsymbol{T}_{1}\boldsymbol{A} \tag{4-11}
$$

若都是基于刚体自身坐标进行齐次变换，遵循"右乘联体"原则，矩阵如下：

$$
\boldsymbol{D} = \boldsymbol{A}\boldsymbol{T}_{1}\boldsymbol{T}_{2}\boldsymbol{T}_{3} \tag{4-12}
$$

在机器人学中，有多种方法可对机器人的位姿进行描述。如欧拉角，总共绕轴进行三次旋转，三次旋转角度依次为 ϕ、θ、φ。第一次旋转是根据基坐标系的某一轴旋转，在每次旋转后会产生一个新坐标系，下一次旋转是基于新坐标系的某一个轴进行的。当三次旋转分别绕轴 z 轴、y' 轴、x'' 轴旋转 ϕ、θ、φ 角度时，表达式为：

$$
\begin{aligned}
\text{Euler}(\phi,\theta,\varphi) &= \text{Rot}(z,\phi)\text{Rot}(y,\theta)\text{Rot}(z,\varphi) \\
&= \begin{bmatrix} c\phi & -s\phi & 0 & 0 \\ s\phi & c\phi & 0 & 0 \\ 0 & 0 & 1 & 0 \\ 0 & 0 & 0 & 1 \end{bmatrix} \begin{bmatrix} c\theta & 0 & s\theta & \theta \\ 0 & 1 & 0 & \theta \\ -s\theta & 0 & c\theta & 0 \\ 0 & 0 & 0 & 1 \end{bmatrix} \begin{bmatrix} c\varphi & -s\varphi & 0 & 0 \\ s\varphi & c\varphi & 0 & 0 \\ 0 & 0 & 1 & 0 \\ 0 & 0 & 0 & 1 \end{bmatrix} \\
&= \begin{bmatrix} c\phi c\theta c\varphi - s\phi s\varphi & -c\phi c\theta s\varphi - s\phi c\varphi & c\phi s\theta & 0 \\ s\phi c\theta c\varphi + c\phi s\varphi & -s\phi c\theta s\varphi + c\phi c\varphi & s\phi s\theta & 0 \\ -s\theta c\varphi & s\theta c\varphi & c\theta & 0 \\ 0 & 0 & 0 & 1 \end{bmatrix}
\end{aligned} \tag{4-13}
$$

式中：s 与 c 分别为正弦函数 sin 和余弦函数 cos 的简写。

滚动—俯仰—偏航法同样是绕轴进行三次旋转，三次旋转角度依次为 $\varnothing$、θ、φ。第一次旋转是根据基坐标系的某一轴旋转，在每次旋转后会产生一个新坐标系，下一次旋转是基于新坐标系的某一个轴进行的。但最后是对 x'' 轴旋转，即三次旋转分别绕轴 z 轴、y' 轴、x'' 轴旋转 $\varnothing$、θ、φ 度，表达式为：

$$\text{RPY}(\varnothing,\theta,\varphi)=\text{Rot}(z,\varphi)\text{Rot}(y,\theta)\text{Rot}(x,\varphi)$$

$$=\begin{bmatrix} c\varnothing & -s\varnothing & 0 & 0 \\ s\varnothing & c\varnothing & 0 & 0 \\ 0 & 0 & 1 & 0 \\ 0 & 0 & 0 & 1 \end{bmatrix}\begin{bmatrix} c\theta & 0 & s\theta & 0 \\ 0 & 1 & 0 & 0 \\ -s\theta & 0 & c\theta & 0 \\ 0 & 0 & 0 & 1 \end{bmatrix}\begin{bmatrix} 1 & 0 & 0 & 0 \\ 0 & c\varphi & -s\varphi & 0 \\ 0 & s\varphi & c\varphi & 0 \\ 0 & 0 & 0 & 1 \end{bmatrix} \tag{4-14}$$

$$=\begin{bmatrix} c\varnothing c\theta & c\varnothing s\theta s\varphi-s\varnothing c\varphi & c\varnothing s\theta c\varphi+s\varnothing s\varphi & 0 \\ s\varnothing c\theta & s\varnothing s\theta s\varphi+c\varnothing c\varphi & s\varnothing s\theta c\varphi-c\varnothing s\varphi & 0 \\ s\theta & c\theta s\varphi & c\theta c\varphi & 0 \\ 0 & 0 & 0 & 1 \end{bmatrix}$$

式中：s 与 c 分别为正弦函数 sin 和余弦函数 cos 的简写。

二、单级柔性臂运动学分析

柔性臂的运动学可分为正运动学和逆运动学两部分，正运动学是指在已知柔性臂弯曲角度 $\varnothing$、旋转角 θ 的情况下求得柔性臂末端在空间中的三维坐标，即关节空间到操作空间的映射关系，正运动学的求解过程相对容易。而逆运动学是已知柔性臂末端的空间三维坐标，求得柔性臂弯曲角度 $\varnothing$、旋转角 θ，即操作空间到关节空间的映射关系，逆运动学的求解过程相对困难、求解耗时长、且存在多解的可能，如图 4-16 所示。

图 4-16　柔性臂正逆运动学

如图 4-16 所示为单级柔性臂的运动学模型，建立的前提是手臂段在弯曲过程中，可以将其视为一条常曲率弯曲的曲线。

在手臂段根部位置设立基坐标系 $\{00\}$，在手臂段的末端位置设立基坐标系 $\{01\}$，如图 4-17 所示。每一级手臂段共由七个关节组成，每一级手臂段的总长度为 L，七个关节同向弯曲时组成手臂段的总弯曲角度 $\varnothing$，$\varnothing\in(0,112\pi/180]$。手臂段在基坐标系中会绕 z 轴旋转，其旋转角为 θ，$\theta\in[0,2\pi]$。驱动绳孔与手臂段中轴线的距离为 r。

使 x_1、y_1、z_1 轴单位矢量分别为 $\boldsymbol{n}$、$\boldsymbol{o}$、$\boldsymbol{a}$。基坐标系 $\{00\}$ 到手臂段末端坐标系 $\{01\}$ 的平移矢量为 $\boldsymbol{P}$，柔性臂基座到手臂段末端的坐标转换矩阵为 ${}^0_1\boldsymbol{R}$：

$${}^0_1\boldsymbol{R}=\begin{bmatrix} n_x & o_x & a_x & p_x \\ n_y & o_y & a_y & p_y \\ n_z & o_z & a_z & p_z \\ 0 & 0 & 0 & 1 \end{bmatrix} \tag{4-15}$$

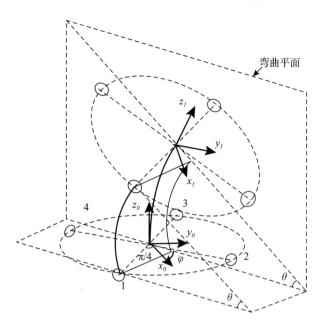

弯曲平面

图 4-17　单级手臂段运动学模型

通过几何分析法可知,单级柔性臂的末端在空间中的位置为:

$$\begin{cases} x=\dfrac{l}{\theta}(1-\cos\theta)\cos\varphi \\[2mm] y=\dfrac{l}{\theta}(1-\cos\theta)\sin\varphi \\[2mm] z=\dfrac{l}{\theta}\sin\theta \end{cases} \tag{4-16}$$

首先让基坐标系 $\{00\}$ 沿其坐标轴进行平移,然后绕新的 z' 轴旋转 θ 角度,然后绕新的 y'' 轴旋转 φ 角度,最后绕新的 z''' 轴旋转 θ 角度。通过坐标系的平移和旋转,可得到齐次变换矩阵:

$$\begin{aligned} {}^{0}_{i}\boldsymbol{R} &= Trans\left[\frac{1}{\theta}(1-c\theta)c\varphi\ \frac{1}{\theta}(1-c\theta)s\varphi\ \frac{l}{\theta}s\theta\right] \\ &\times Rot(z,\varphi)\times Rot(y,\theta)\times Rot(z,-\varphi)= \\ &\begin{bmatrix} c^{2}\varphi x\theta+s^{2}\varphi & c\varphi x\varphi c\theta-c\varphi s\varphi & c\varphi s\theta & \dfrac{l}{\theta}(1-c\theta)c\varphi \\ & & & \theta \\ c\varphi qx\theta-c\varphi s\varphi & s^{2}\varphi c\theta+c^{2}\varphi & s\varphi s\theta & \dfrac{l}{\theta}(1-c\theta)s\varphi \\ -c\varphi s\theta & -s\varphi s\theta & c\theta & \dfrac{l}{\theta}s\theta \\ 0 & 0 & 0 & 1 \end{bmatrix} \end{aligned} \tag{4-17}$$

式中:s 与 c 分别为正弦函数 sin 和余弦函数 cos 的简写。

若已知柔性臂的末端位姿,根据上述公式可知关节空间与操作空间的映射关系:

$$\theta = \arccos(a_z)$$

$$\varphi = \arctan\left(\frac{p_r}{p_x}\right) \tag{4-18}$$

由于弯曲角与旋转角的取值范围分别为 $\phi \in [0,\pi]$,$\theta \in [0,2\pi]$,根据公式可得 θ 的唯一解,p 的解不唯一。当 $p_x \geqslant 0$、$p_y \geqslant 0$ 时,θ 在区间 $[0,\pi/2]$ 中取解。当 $p_x \leqslant 0$、$p_y \geqslant 0$ 时,θ 在区间 $[2,\pi]$ 中取解。当 $p_x \leqslant 0$、$p_y \leqslant 0$ 时,θ 在区间 $[3\pi/2\pi]$ 中取解。当 $p_x \geqslant 0$、$p_y \leqslant 0$ 时,p 在区间 $[3\pi/2,2\pi]$ 中取解。

三、关节空间与驱动空间的映射关系

关节空间与驱动空间的映射关系需要满足两个条件:

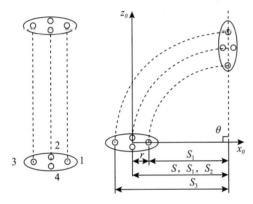

图 4-18 单级柔性臂段驱动绳示意图

(1)控制柔性臂的四根驱动绳绕其四周均匀分布,使得处于对向的 2 根驱动绳可以共同控制关节的一个转动自由度。

(2)驱动绳与单级柔性臂在弯曲时都为常曲率弯曲的曲线,如图 4-18 所示。

如图 4-18 所示,为单级柔性臂的简化几何模型。用 $l_i(i=1,2,3,4)$ 表示柔性臂上各驱动绳的长度,各驱动绳的曲率半径为 $S_i(i=1,2,3,4)$,柔性臂中心轴线的曲率半径为 S,驱动绳孔到中心轴线的距离为 r。当柔性臂弯曲角为 $\phi = 90°$ 时,通过几何分析,便可求得:

$$\begin{cases} l_1 = S_1 \cdot \theta = (S-r) \cdot \theta \\ l_2 = S \cdot \theta \\ l_3 = S_3 \cdot \theta = (S+r) \cdot \theta \\ l_4 = S \cdot \theta \end{cases} \tag{4-19}$$

由此,也可得到单级柔性臂在弯曲时 4 根驱动绳的变化量,用 $\Delta l_i(i=1,2,3,4)$ 进行表示:

$$\begin{cases} \Delta l_1 = l - l_1 = r \cdot \theta \\ \Delta l_2 = l - l_2 = 0 \\ \Delta l_3 = l - l_3 = -r \cdot \theta \\ \Delta l_4 = l - l_4 = 0 \end{cases} \tag{4-20}$$

由以上分析可知:

(1)当驱动绳均匀分布时,基于柔性臂中心轴对向分布的 2 根驱动绳,共同控制柔性臂的一个自由度,且绳长的变化量互为相反数。

(2)在柔性臂所弯曲的平面以内,中心轴线的长度减去由驱动绳孔映射于当前平面内

所得曲率半径产生的绳长,就可得到此驱动绳的绳长变化量。通过驱动绳的收紧与放松,实现柔性臂的运动。各关节间的受压弹簧,保证柔性臂的常曲率弯曲。基于以上分析,为减少后续计算的复杂程度,柔性臂根部位于基坐标系$\{O_0\}$的x_0Oy_0平面,且x_0轴位于1号驱动绳孔与2号驱动绳孔的中间位置。中心轴到两绳孔位置的延长线皆与x_0轴成$90°$夹角。单级手臂段驱动钢丝几何关系如图4-19所示。

当数值为正时,则驱动绳拉紧;当数值为负时,则驱动绳放松。由此,弯曲时驱动绳的拉紧或放松量为:

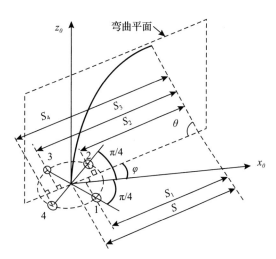

图 4-19 单级手臂段驱动绳几何示意图

$$\begin{cases} \Delta l_1 = S\theta - [S - r\cos(\varphi + \pi/4)]\theta = r\theta\cos(\varphi + \pi/4) \\ \Delta l_2 = S\theta - [S - r\cos(\varphi - \pi/4)]\theta = r\theta\cos(\varphi - \pi/4) \\ \Delta l_3 = S\theta - [S + r\cos(\varphi + \pi/4)]\theta = -\Delta l_1 \\ \Delta l_4 = S\theta - [S + r\cos(\varphi - \pi/4)]\theta = -\Delta l_2 \end{cases} \quad (4\text{-}21)$$

关节空间与驱动空间的映射关系为:

$$\varphi = \arctan\left(-\frac{\Delta l_1}{\Delta l_2}\right) + \frac{\pi}{4} \quad (4\text{-}22)$$

$$\theta = \frac{\Delta l_1}{r\cos\left(\varphi + \dfrac{\pi}{4}\right)} \quad (4\text{-}23)$$

由上面公式可知,θ的解不唯一。当$\Delta l_1 \geqslant 0$、$\Delta l_2 \geqslant 0$时,p在区间$[-\pi/4, \pi/4]$中取解。当$\Delta l_1 \leqslant 0$、$\Delta l_2 \geqslant 0$时,p在区间$[\pi/4, 3\pi/4]$中取解。当$\Delta l_1 \leqslant 0$、$\Delta l_2 \leqslant 0$时,p在区间$[3\pi/4, 5\pi/4]$中取解。当$\Delta l_1 \geqslant 0$、$\Delta l_2 \leqslant 0$时,p在区间$[5\pi/4, 7\pi/4]$中取解。

第三节　采摘机械臂路径规划算法

一、路径规划算法研究现状与分类

根据采摘机械臂路径规划算法的规划方式可以将其分为局部路径规划和全局路径规划,二者对比见表4-2。其中局部路径规划主要针对机械臂当前作业的局部空间信息,这类算法具有良好的避障能力和动态规划性能,但对于机械臂硬件要求较高。同时,局部路径规划对环境误差和噪声有较高的鲁棒性,能对规划结果进行实时反馈与重新规划,但是因为缺乏全局环境信息,规划结果可能不是最优的。而全局路径规划是在已知的环境中为机械臂规划一条路径,路径规划的精度取决于周围环境获取的精确性,全局路径规划可以找到最优解,但是需要预先知道环境的准确信息,但是面对动态路径,无法做出相应的校正。

表 4-2　局部路径规划与全局路径规划对比

规划方式	局部路径规划	全局路径规划
环境状态	×	√
位姿状态	×	√
目标状态	×	√
结果最优解	×	√
动态矫正	√	×
处理速度	较快	较慢
鲁棒性	较优	较差

基于局部路径规划与全局路径规划的概念,采摘机械臂路径规划算法又可以分为基于群优化理论的群优化算法,包括遗传算法、粒子群算法、蚁群算法等;基于最优化理论的人工势场算法;基于图搜索算法的 Dijkstra 算法和 A * 算法;概率地图算法以及基于采样法的快速扩展随机数算法(RRT)。

二、路径规划算法原理

(一)群优化算法

群优化算法的原理是在空间内设置多个个体,将这些个体组成一个群体进行搜索,得到最优解。遗传算法中的种群设定、粒子群算法的粒子群、蚁群算法中的蚂蚁种群都体现了群优化算法的思想,其对比情况见表 4-3。

表 4-3　群优化算法对比

比较项目	遗传算法	粒子群算法	蚁群算法
局部最优	易处理	不易处理	不易处理
全局搜索能力	强	弱	强
局部搜索能力	弱	较强	弱
收敛速度	较慢	快	慢
算法结构	简单	中等	复杂
编程难度	较难	较简单	难
可扩展性	强	较强	较高
效率	较低	较高	高
并行性	潜在	潜在	潜在
鲁棒性	强	较强	强

1. 遗传算法

20 世纪 70 年代，美国学者 John Holland 基于达尔文生物进化论提出了一种生物进化过程搜索最优解的方法——遗传算法。该算法将问题的求解过程转换成类似生物的进化、变异过程，在求解复杂的组合优化问题时，可以融合其他优化算法，得到更加优质的结果。

West 等（2016）基于遗传算法开发了一种针对机械臂单一关节参数测量进而推广到其他关节参数的机制，具有动态参数估计能力，对机械臂建模过程进行了优化。Tang 等（2014）利用 Matlab 遗传算法优化工具箱对机械臂进行优化，在考虑机械臂结构强度和轴承安装空间的同时为机械臂路径规划过程提供了有效帮助。王怀江等于 2020 年提出了一种基于改进遗传算法的机械臂路径优化方法，与传统算法相比，改进算法的收敛速度提高了 46.15％，路径缩短了 45.99％，系统运行时间减少了 25.80％，有效提高了系统效率。这些应用遗传算法的优化方案，对采摘领域机械臂路径规划优化具有一定的参考价值。

为了提高果蔬采摘机器人的避障和路径规划能力，实现机器人智能化、轻量化的设计，熊琼等利用遗传算法对路径规划进行优化，实现复杂环境中的路径搜索功能，障碍物识别率超过 99％，路径规划的准确率超过 95％。李涛等针对矮化密植果园采摘机器人多臂协同问题，将任务规划问题归纳为异步重叠访问域的多旅行商问题，基于遗传算法寻找求解方法，用 3 种水果作为采摘对象，相较于顺序规划法和随机遍历法，该方法的作业遍历时长分别缩短 10.69％和 17.18％、20.45％和 23.33％以及 12.94％和 21.69％。为了提升遗传算法在采摘机械臂路径规划过程中求解优化的性能，宋莹莹等将一种改进的遗传算法应用在油茶果采摘机械臂中，改进后的算法能够明显优化机械臂的工作空间，整体指标提升了 63.49％（宋莹莹等，2020），为后续路径规划算法改进提供了数据参考。

2. 粒子群算法

粒子群（PSO）算法作为群优化算法的热门研究点之一，最早由 Kenned 和 Eberhart 于 1995 年提出，与其他群优化算法类似，也采用"群体"和"进化"的概念。在此领域，国内学者基于粒子群算法对机械臂路径规划提出了诸多优化方案，因其规划精度高，在采摘领域有较广阔的应用前景。稳定、高效、无损的采摘要求一直制约着自动化采摘技术的发展，为解决这些难题，国内外学者进行了诸多研究。Cao 等提出了一种改进的多目标粒子群优化算法，其规划的路径能够有效完成水果采摘，平均采摘时间为 25.5 s，成功率为 96.67％，验证了 PSO 算法在机械臂采摘领域的有效性（Cao et al.，2021）。袁蒙恩针对复杂静态背景下具有多约束条件的机械臂路径规划问题，提出了基于单目视觉的多种粒子群算法，根据目标物体位置演化出机械臂最优路径（袁蒙恩等，2020）。同时，为进一步提高机械臂路径控制精度，罗予东等基于粒子群算法，采用小波神经网络算法进行优化，并采用群体智能对路径进行跟踪，对机械臂实现精准控制，有效提高了机械臂的路径跟踪性能（罗予东等，2020）。朱文琦提出了一种基于粒子群的控制系统优化算法，以提高采摘机械臂的控制效率，研究团队以青椒为作业对象，通过比对采用与不采用粒子群算法时机械臂末端路径规划距离和采摘精度（朱文琦等，2021），证明了采用粒子群算法可以有效提高果实采摘的定位精度，缩短移动距离，对提高采摘效率作用显著。庞国友等为了提高油茶果采摘机械臂的综合性能（庞国友等,2019),将粒子群算法与退火算法相融合,并利用改进后的算法进行油茶果采摘机械臂参数优化,为后续采摘机械臂及其算法优化提供了数据支持。

3. 蚁群算法

蚁群算法作为一种概率型算法。由意大利学者 Marco Dorigo 于 1992 年提出,灵感源于蚁群在觅食过程中的路径搜索行为,是最为成功的群体智能算法之一。原艳芳等使用蚁群算法进行名优茶采摘机械臂的路径规划,通过改变自适应调节信息素浓度值和迭代终止条件(原艳芳等,2017)可改善基本蚁群算法搜索时间较长、易陷入局部最优等问题,有效提高机械臂采摘过程中全局搜索能力和计算效率。Baghli 等利用蚁群算法作为优化工具,利用其鲁棒性,在机械臂运动过程中,规划出最优路径(Baghli et al.,2017)。王江华等针对狭窄空间中机械臂的路径规划问题,提出了一种改进型蚁群优化算法(王江华等,2017),通过对传统蚁群算法概率分布、路径二次优化、淘汰机制等方面进行改进,增强了系统的鲁棒性,能够明显提高机械臂在复杂环境下的适应能力。为提高蚁群算法在采摘时的路径规划效率,提高采摘速度,苑严伟等对蚁群算法进行了相应的改进,改进后的算法迭代次数仅为基本算法的 25.3%,而路径长度是基本算法的 94.3%,为后续蚁群算法在采摘领域的改进提供了理论依据(苑严伟等,2009)。陈鑫等以柑橘为采摘对象,引入了随时间改变的自适应信息素浓度更新机制,提出了蚁群算法的一种改进方案,有效缩短了采摘路径长度(陈鑫等,2022)。当机械臂路径是离散状态时,更适合采用遗传算法,但是该算法在求解路径过程中存在着汉明悬崖问题,粒子群算法结构简单,计算方便,求解速度快,但是存在局部最优问题。蚁群算法适合解决图上搜索路径问题,运算量庞大,对设备硬件要求高。

(二)人工势场算法

人工势场算法是由 Khatib 提出的一种虚拟力场法。核心思想是将机械臂在作业环境中的运动抽象为在人工引力场中的运动,该种算法规划路径的优势在于路径平滑、安全,具有良好的鲁棒性(图 4-20),但该方法也存在局部最优问题。针对采摘机械臂在野外作业环境中,采摘任务数量多、目标与障碍物位置随机性强等问题,熊俊涛等(2020)引入人工势场算法,利用目标吸引、障碍排斥的思想建立奖惩函数,优化路径长度,提高采摘效率,通过仿真测试,采摘任务成功率超过 96.7%。针对采摘机器人在果园作业时,果树较大冠层障碍物易影响机械臂路径规划等问题,胡广锐等(2021)改进了人工势场算法,优化后的路径将障碍物识别最短距离由 0.156 m 提高至 0.863 m,该优化方法具备实时优化路径的功能,这种规划方法同样为采摘机械臂的路径优化提供了思路。姬伟等(2013)针对非结构化环境下采摘机械臂的实时避障问题,提出了一种基于改进人工势场算法的避障策略,该方法在保留传统人工势场算法易于实现、结构简单的基础上,针对其存在的局部极小点、陷进区等问题,结合果树生长环境中障碍物的特点,通过引入虚拟目标点使搜索过程跳出局部最优的极小点,从而有效提高机械臂路径规划的质量。Park 等(2020)为了解决未知环境下机械臂路径实时规划问题,提出了一种基于雅可比矩阵与修正势场相结合的算法。这种算法可以更加便捷地进行机械臂路径规划。曹博等(2019)针对传统人工势场算法应用于机械臂避障时无法约束各关节位姿、易陷入局部极小值等问题,提出一种改进算法,采用线段球体包络盒模型进行碰撞检测,在关节空间内求解虚拟目标角度并采用高斯函数建立虚拟引力势场处理局部极小问题,改进算法可以引导机械臂逃离局部极小值点并完成避障,同时提高避障结束时各关节的定位精度,该方法可以有效应用于采摘机械臂路径规划算法的改进。Wang 等(2018)提出了一种改进的人工势场避障方法,在避障过程中考虑了机械臂的姿态,无论初始姿态和目标姿势之间的差异如何,机械臂都能以合理速度到达目标位姿。Zhou 等(2020)针对障碍物环境中的碰撞问题,将改进的人工势场算法应用于机械臂碰撞检测与路径规划中,并通过仿真验证了该方法可以有效提高采摘效率。这两种对人工势场改进的策略可以为采摘过程中机械臂如何规避枝干、叶片到达最优作业点提供改进思路。

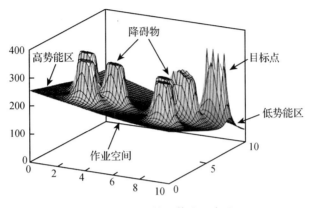

图 4-20　人工势场算法示意图

(三)图搜索算法

1. Dijkstra 算法

Dijkstra 算法对解决两个点之间最短路径的问题十分有效,Sunita 等对 Dijkstra 算法进行动态化处理,有助于提高算法的有效性,在规划时间和内存占用方面进行了优化。Tan 等(2006)提出了一种基于 Dijkstra 算法的改进算法,该算法在全局最优路径规划中具有优异的性能。Rafael 等(2013)提出了 Dijkstra 最短路径搜索算法的一种改进算法,与启发式算法相比,采用该方法可以在相似甚至更短的时间内获得最优路径。Ji 等(2014)针对苹果收获机械臂实时避障路径规划问题,在动态非结构环境下,利用改进的 Dijkstra 算法对苹果采摘机械臂初始路径规划,再用改进的蚁群算法优化初始路径,并通过实验证明该方法简单易行,具有较好的实用价值,机械臂可以在较短的时间内避开树枝成功采摘苹果。Dijkstra 算法的改进趋势是加入启发式算法的循迹策略以减少最短路径搜索的运行时间。Dijkstra 算法虽然是经典的最短路径搜索算法之一,但是该算法并不适用于大型图中的最短路径搜索。

2. A * 算法

A * 算法是求解静态环境中最短路径最有效的方法之一,传统的 A * 算法在机械臂的路径规划过程中可能存在无限循环和搜索数据量庞大等问题。针对这些问题 Wang 等提出了一种改进的 A * 算法,即在搜索过程中应用可变步段搜索,基于对碰撞检测的分析,可以实现自由空间,使机械臂能够避免与障碍物的碰撞。与传统的 A * 算法相比,改进后的算法搜索点较少,执行效率更高。

(四)概率地图算法

概率地图算法(Probabilistic Roadmap Method,PRM)是一种可以进行快速路径规划的自由空间表示方法。在得到概率地图后,路径规划的问题随即转变为在概率地图中寻找一条从起点到达终点的合适路径问题。机械臂在采摘果蔬的过程中常常需要在狭小的作业空间内规划最优路径,在面对复杂环境,尤其是构型空间存在狭长的通道时,传统运动规划算法性能大大下降,规划时间长而且失败率高,针对这些难题研究人员提出了一种面向狭窄空间的机械臂快速稳定路径规划算法,采用示教路径为启发项,结合非均匀采样和均匀采样,离线生成 PRM 随机路图,通过在线图搜索查找最终可执行路径。蔡健荣等针对动态非结构化环境下的柑橘采摘机器人实时路径规划问题,利用双目立体视觉技术获取柑橘及障碍物的三维信息,对采摘作业区域进行虚拟重建,并在此基础上采用单次查询、双向采样与延迟碰撞检测相结合的 SBL-PRM 算法对柑橘采摘机械臂进行避障路径规划,该方法适用于动态非结构化环境下的采摘机械臂实时避障。

(五)快速扩展随机树算法

快速扩展随机树算法(Rapidly-exploring Random Trees,RRT),是基于数据结构的单一查询式算法,该算法示意图见图 4-21,主要用于路径规划、虚拟现实等。RRT 采用一种特殊的增量方式进行构造,因此,该算法在采摘机械臂路径规划领域应用前景广阔。

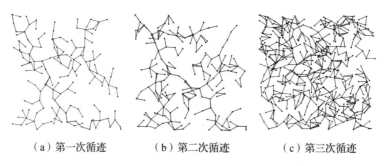

（a）第一次循迹　　　　（b）第二次循迹　　　　（c）第三次循迹

图 4-21　快速扩展随机树(RRT)算法示意图

Cao 等(2019)为了实现采摘机械臂在动态和非结构化环境中的避障问题,提出了改进的快速探索随机树(RRT)算法,此设计采用目标重力的思想,加速了路径搜索的速度。试验表明,该算法规划的无碰撞路径可以成功地将机械臂驱动到作业位置,而不发生任何碰撞,路径实现时间为 0.47 s,成功率为 100%,其路径的长度优化后缩短 20%。Ye 等(2021)针对 RRT 算法在高维环境下存在的随机性、转换速度慢等缺点,引入了目标重力概念和自适应系数调整无碰撞拾取姿态,改进后的算法平均路径搜索时间为 4.24 s,实验室环境下路径确定成功率为 100%,所提出的无碰撞运动规划方法可以有效使采摘机械臂避开工作空间中的障碍物,高效完成采摘任务。Schuetz 等(2015)以甜椒为采摘对象,引入了一种基于 RRT 算法的全局离线优化方案,该方案能够在极短时间内寻找到最优路径。刘顿等(2021)针对目前采摘机械臂采摘多次行程规划效率低、耗时长、路径非最优的问题,提出一种基于 Informed RRT * 改进的柑橘采摘机械臂运动规划算法,在算法中引入了启发性的节点采样策略,提高了最优路径的收敛速度,改进算法路径搜索时间缩短了 88%,节点数缩短 42%,

平均迭代次数下降 64%,路径规划成功率约为 96%,算法平均规划时间 0.81 s,规划成功率提高 11%,路径成本优化 16%。

针对多自由度果蔬采摘机械臂运动路径规划速度慢、效率低、路径成本高的问题,张勤等(2021)提出了一种柯西目标引力双向 RRT * 算法,相比于传统 RRT * connect 算法,改进算法的路径成本缩短 5.5%,运行时间降低 71.8%,采样节点数下降 64.2%,单次搜索时间 0.33 s,相比于原始算法,该路径成本降低 12.6%,运行时间减少了 69.2%,扩展节点数减少 76.3%。为提升机械臂在非结构性环境中进行避障采摘作业的要求,阳涵疆等(2017)采用 RRT 算法提出了一种基于关节构形空间的混联采摘机械臂避障路径规划算法,所提出的算法搜索的避障路径能够驱动采摘机械臂避开工作空间内的障碍物,到达作业目标点,使串联机械臂拥有全局避障路径规划的能力,体现了实时避障的设计思路。

在采摘过程中机械臂有时需要深入树冠内部进行采摘,而在树冠内,众多枝干往往构成一个个封闭的多边形通道,比起单个枝条的障碍物,封闭多边形障碍物更加难以避开,需要更长的时间进行规划。针对此问题,马冀桐等通过对构型空间的离线构建,分析了封闭多边形障碍物在构型空间的拓扑结构性质,根据这一性质,对双向快速扩展随机树算法(RRT-connect)进行改进,提出了一种基于构型空间先验知识引导点的 RRT-connect 算法,改进后的算法与传统 RRT-connect 算法相比,规划时间分别缩短了 51% 和 86%,该算法对封闭障碍物和未封闭障碍物均有较好的避障效果,平均路径规划时间为 1.263 s,成功率为 91%,可以为柑橘采摘机器人在不同环境的运动规划问题提供参考。

三、路径规划算法比较分析

不同的路径规划算法针对不同的采摘环境,其收敛速度和多样性能方面的表现各有利弊,单一算法或者固定的路径规划模式已经很难适应现代农业自动化采摘面临的问题。本部分主要对多种采摘机械臂路径规划算法进行比较分析,分析各类规划算法的优缺点、局限性以及适用场景(表 4-4),最后对采摘机械臂路径规划技术改进提出建议。

表 4-4　多种采摘机械臂路径规划算法对比

算法类型	可行性	局限性	适用场景
群优化算法	算法结构简单,易于实现,容易重构,收敛速度	不适用于局部路径规划,易陷入局部最优、难以适应高维复杂环境的路径规划	定点作业的采摘环境
人工势场算法	计算量较小,能有效提高机械臂采摘作业的实时性	容易陷入局部最小值,当果实周围障碍物较密集时难以规划路径	枝干、叶片遮挡较少的作业环境
图搜索算法	搜索能力强,能收敛到全局最优路径	在障碍物密集时搜索时间长,效率低	定点作业式的采摘环境
概率地图算法(PRM)	有利于路径重规划,动态规划性优秀	复杂环境下搜索效率低	对作业时长要求不高的采摘环境

续表4-4

算法类型	可行性	局限性	适用场景
快速扩展随机树（RRT）算法	参数少,结构简单,搜索能力强,易与其他算法融合	算法节点利用率低,长时间路径搜索会造成路径规划不稳定	适用范围较广,尤其高维度、复杂环境下的路径规划

　　群优化算法适应性强、易于重构,具有较强的鲁棒性并且隐含负反馈机制。在采摘机械臂路径规划过程中,群优化算法需要依赖较为完善的动态环境评估机制,运算量大,这就对机械臂控制系统乃至整个采摘机器人的环境感知性能提出了较高的要求,间接地提高了采摘机器人的推广成本,使其在机械臂的实时控制中,特别是动态路径规划中优势不明显。因此,针对果实采摘过程中的动态路径规划是未来研究的方向。

　　人工势场算法在数学描述上简洁、美观,人工势场算法结构简单,能够有效提高路径规划的实时性。然而传统人工势场算法在规划路径时,存在障碍物边界势场不完善的问题,无法约束采摘机械臂的整体位姿,容易引起局部最小值,使算法最终收敛性出现问题,较为有效的解决方案是建立统一的势能函数。人工势场算法要求在路径上的障碍物都必须是规则的,因为无规则障碍物会导致运算量庞大。该算法对作业环境有严格的要求,进而降低了适用性,因此,这也是目前国内外学者对人工势场算法改进的热门方向。

　　图搜索类算法主要利用已知的环境地图和地图中障碍物的信息,构建出起始点到终点的路径,包括深度优先和广度优先两个方向。该类算法搜索能力强,其中 Dijkstra 算法采用广度优先搜索,是解决有向图和无向图的单源最短路径的有效方法,研究的主要方向在于如何提升搜索效率,减少不必要的搜索,同时提高搜索的准确性。A＊算法则利用启发该类算法能够有效提高路径的搜索效率,但需要对全局路径进行在线建模,难以满足动态采摘环境下机械臂作业的避障要求。Dijkstra 算法能得出最短路径的最优解,但遍历节点较多,所以效率相对低。因为 Dijkstra 是层层向外扩展的,所以搜索区域很大,所需时间较长,但准确度较高,可以保证得到的路径一定是最短的。因此,Dijkstra 算法更适用于对采摘机器所在区域进行完整搜索,再结合其他算法进行局部路径规划,但是 Dijkstra 算法不能有负权,因此只能单向寻源。相比 Dijkstra 算法,A＊算法搜索效率较高,且能得到最优解,相应的A＊算法的缺点在于其拓展节点的随机性,没有关于全局的位置信息。因此它的搜索节点数量会较多,这种方法牺牲了一定的空间代价达到了速度与完备兼得的优势。

　　概率地图算法（PRM）的思路是建立栅格地图生成离散空间,能用相对少的随机采样点找到一个解,动态规划性能优秀。对多数采摘作业而言,其采样点足以覆盖大部分可行的空间,在算法机理上可以确保一定找到一条路径,然而采样点是均匀产生的,因此可能造成某些狭窄区域采样点数较少,狭窄区域无法联通,导致路径搜索失败,长时间路径搜索会造成路径规划的不稳定,由于采摘作业多在枝干、叶片等多种障碍物的狭窄空间内循迹,这样就极大限制了 PRM 算法在采摘机械臂路径规划中的应用。因此,PRM 算法更多应用于搭载机械臂的负载平台在农场或果园中进行路径规划,但随着高性能计算机、处理器等硬件设备的升级以及采样点密度的增加,狭窄区域中节点数量会相应增加,可以一定程度上提高循迹的成功概率。

快速扩展随机树 RRT 算法及其改进算法,因其概率完备,只要路径存在,有足够长的规划时间,就能确定得到一条路径的解,此类算法不仅适用于二维搜索,也适用于高维度动态规划,且不会存在局部最小值的问题,具有高效的随机扩展性,可快速生成可行路径,为高维且复杂的机器人路径规划问题提供了一种新的解决方案。因为种种优势,RRT 算法在采摘机械臂路径规划领域应用前景广泛。

四、采摘机械臂路径规划研究展望

党的二十大报告强调,加快实施创新驱动发展战略,加快实施一批具有战略性、全局性、前瞻性的国家重大科技项目,增强自主创新能力。加强基础研究,突出原创,鼓励自由探索。虽然采摘机械臂路径规划算法在采收作业过程中已经取得了显著的科研成果,并广泛应用于农业、林业中,但随着相关产业应用场景逐渐复杂,自动化程度不断提高,对机械臂的应用需求也更加智能化,本部分对具有代表性和实用性的采摘机械臂路径规划算法进行了总结,并对今后采摘机械臂路径规划技术研究与改进提出四点展望。

(1)多算法融合　随着采摘机械臂路径规划算法应用范围日益广泛,作业环境日益复杂,任何单一算法都无法满足所有工作环境。各类路径规划算法各自具有优点与特性,但都有其局限性。为满足复杂情况下的避障要求,利用不同算法优势互补解决不同情况下的机械臂路径规划问题将成为未来研究的热点。

(2)提高路径重规划与动态规划性能　目前采摘机械臂路径规划算法研究领域的大多数算法只能在理想的实验室环境中进行,在实际采摘过程中,路径规划的状态不再是静态环境。因此,提高算法的环境适应性也是目前研究的重点问题。针对机械臂越发复杂的工作环境,可采用经典算法和智能算法的混合方式,静态环境使用传统算法规划,动态环境和极小值问题则使用智能算法局部规划的方式实现整体路径规划,提高系统稳定性。现阶段机器人技术要真正广泛应用到复杂的农林采摘作业中,就必须提高路径规划技术的环境普适性,其核心问题是解决路径的重规划问题,提高动态搜索率。

(3)局部路径与全局路径融合　全局路径规划算法是在预知的地图环境中搜寻最优路径,因此多数只能应用于预知地图的静态环境中,无法避开环境中的动态障碍物。而在机械臂实际应用中,除了特定的静态场景,大多数室外环境都是动态变化的,尤其是作物采收领域。在动态场景中机械臂需要对同一环境内的特征进行反复观测采样,不断更新地图表示,以避免地图误差的不断积累,降低机器人内存资源的高度消耗,提高路径规划质量。因此,机器人必须考虑新的地图表示方法,基于学习、采样或者"记忆"的新型地图表示方法为动态环境中的全局路径规划算法的发展提供了有力支撑。随着路径规划技术的不断深入,采摘机械臂的应用环境逐渐从静态的封闭环境变化到半静态的室外场景,再变化到高度动态的公共场所,单纯以栅格图、拓扑图、几何特征图等基于局部或者全局地图都无法满足机械臂对环境特征的更新,因此,将局部路径与全局路径相融合将是未来机械臂路径规划的热门方向之一。

(4)双/多机械臂协同规划　多机械臂智能采摘路径规划技术有着高灵活性、易部署性、高协调性,具有环境自适应性。多机械臂规划各自最优路径的同时又要考虑到其他采摘机械臂的位置,这对算法的实时性、准确性以及数据的交互性都是不小的挑战。多机械臂协同作业具有多任务适用、最优匹配、自由协同、更好的系统冗余度及鲁棒性等特点,未来将广泛应用于采摘作业的实际场景。

参 考 文 献

蔡健荣,王锋,吕强,等,2009. 基于 SBL-PRM 算法的柑橘采摘机器人实时路径规划[J]. 农业工程学报,25(6):158-162.

曹博,毕树生,郑晶翔,等,2019. 改进人工势场算法的冗余机械臂避障算法[J]. 哈尔滨工业大学学报,51(7):184-191.

陈鑫,王海宝,罗强,等,2022. 基于改进蚁群算法的柑橘采摘最优路径[J]. 安徽大学学报(自然科学版),46(1):68-74.

管清华,孙健,刘彦菊,等,2020. 气动软体机器人发展现状与趋势[J]. 中国科学:技术科学,50(7):897-934.

胡广锐,孔微雨,齐闯,等,2021,果园环境下移动采摘机器人导航路径优化[J]. 农业工程学报,37(9):175-184.

姬伟,程凤仪,赵德安,等,2013. 基于改进人工势场的苹果采摘机器人机械手避障方法[J]. 农业机械学报,44(11):253-259.

李涛,邱权,赵春江,等,2021. 矮化密植果园多臂采摘机器人任务规划[J]. 农业工程学报,37(2):1-10.

刘顿,王毅,2021. 改进 Informed-RRT＊算法的柑橘采摘机械臂运动路径规划[J]. 重庆理工大学学报(自然科学),35(11):158-165.

罗予东,李振坤,2020. 基于群智优化小波神经网络的机械臂路径控制研究[J]. 机床与液压,48(24):168-173.

马冀桐,王毅,何宇,等,2019. 基于构型空间先验知识引导点的柑橘采摘机械臂运动规划[J]. 农业工程学报,35(8):100-108.

庞国友,高自成,李立君,等,2019. 基于 SA-PSO 算法采摘机械臂参数优化[J]. 西北林学院学报,34(4):268-272.

宋莹莹,王福林,兰佳伟,等,2020. 改进遗传算法在油茶果采摘机优化中的应用[J]. 农机化研究,42(6):14-18.

王怀江,刘晓平,王刚,等,2020. 基于改进遗传算法的移动机械臂拣选路径优化[J]. 北京邮电大学学报,43(5):34-40.

王江华,赵燕改,2017. 进型蚁群算法在采摘机器人捕捉路径规划上的应用[J]. 实验室研究与探索,36(10):41-44.

熊俊涛,李中行,陈淑绵,等,2020. 基于深度强化学习的虚拟机器人采摘路径避障规划[J]. 农业机械学报,51(2):1-10.

熊琼,葛蓁,刘志刚,2016. 基于遗传算法和 EDA 技术的果蔬采摘机器人设计[J]. 农机化研究,38(8):214-217,241.

阳涵疆,李立君,高自成,2017. 基于关节构形空间的混联采摘机械臂避障路径规划[J]. 农业工程学报,33(4):55-62.

袁蒙恩,陈立家,冯子凯,等,2020. 基于单目视觉的多种群粒子群机械臂路径规划算法[J]. 计算机应用,40(10):2863-2871.

原艳芳,郑相周,林卫国,等,2017. 名优茶采摘机器人路径规划[J]. 安徽农业大学学报,44(3):530-535.

苑严伟,张小超,胡小安,等,2009. 苹果采摘路径规划最优化算法与仿真实现[J]. 农业工程学报,25(4):141-144.

张勤,乐晓亮,李彬,等,2021. 基于 CTB-RRT * 的果蔬采摘机械臂运动路径规划[J]. 农业机械学报,52(10):129-136.

周圆圆,李建华,郭明全,等,2020. 连续体单孔手术机器人的建模与优化分析[J]. 机器人,42(3):316-324.

朱文琦,2021. 基于 PLC 和粒子群算法的采摘机械手电气控制系统[J]. 农机化研究,43(12):238-241,246.

Baghli F Z, Lakhal Y, 2017. Optimization of arm manipulator trajectory planning in the presence of obstacles by ant colony algorithm[J]. Procedia Engineering, 181: 560-567.

Buckingham R, Graham A, 2005. Snaking around in a nuclear jungle[J]. Industrial Robot: An International Journal, 32(2):120-127.

Cao X M, Yan H S, Huang Z Y, et al, 2021. A multi-objective p article swarm optimization for traj ectory planning of fruit p icking manip ulator [J]. Agronomy, 11(11):2286.

Cao X, Zou X, Jia C, et al, 2019. RRT-based path planning for an intelligent litchi-picking manipulator [J]. Computers and Electronics in Agriculture, 156:105-118.

Daerden F, Lefeber D, 2002. Pneumatic artificial muscles: Actuators for robotics and automation [J]. European journal of mechanical and environmental engineering, 47(1): 11-21.

Dong X, Axinte D, Palmer D, et al, 2017. Development of a slender continuum robotic system for on-wing inspection/repair of gas turbine engines[J]. Robotics and Computer-Integrated Manufacturing, 44: 218-229.

Dong X, Raffles M, Cobos Guzman S, et al, 2014. Design and analysis of a family of snake arm robots connected by compliant joints[J]. Mechanism and Machine Theory, 77: 73-91.

Dong X, Raffles M, Cobos-Guzman S, et al, 2016. A novel continuum robot using twin-pivot compliant joints:design, modeling, and validation[J]. Journal of Mechanisms and Robotics-Transactions of the Asme, 8(2):021010.

Gravagne I A, Walker I D, 2000. On the kinematics of remotely-actuated continuum robots [C]. IEEE International Conference on Robotics and Automation. Symposia Proceedings, 3: 2544-2550.

Hannan M W, Walker I D, 2003. Kinematics and the implementation of an elephant's trunk manipulator and other continuum style robots[J]. Journal of Robotic Systems, 20(2): 45-63.

Ji D, Kang T H, Shim S, et al, 2019. Wire-driven flexible manipulator with constrained spherical joints for minimally invasive surgery[J]. International Journal of Computer

Assisted Radiology and Surgery，14(8):1365-1377.

Ji W，Li J L，Zhao D A，et al，2014. Obstacle avoidance path planning for harvesting robot manip ulator based on MAKLINK graph and improved ant colony algorithm[J]. Applied Mechanics and Materials,531(1):1063-1067.

Jones B A，Walker I D，2006. Kinematics for multisection continuum robots[J]. IEEE Transactions on Robotics，22(1)：43-55.

Li Z，Du R，2013. Design and analysis of a bio-inspired wire-driven multi-section flexible robot [J]. International Journal of Advanced Robotic Systems，10(4):209.

Li Z，Wu L，Ren H，et al，2017. Kinematic comparison of surgical tendon-driven manipulators and concentric tube manipulators[J]. Mechanism and Machine Theory，107：148-165.

Park SO，Min CL，KimJ，et al，2020. Trajectory planning with collision avoidance for redundant robots using jacobian and artificial potential field-based real-time inverse kinematics ［J］. International Journal of Control，Automation and Systems，18（8）：2095-2107.

Rafael Rodríguez-Puente，Manuel S Lazo-Cortés，2013. Algorithm for shortest path search in Geographic Information Systems by using reduced graphs[J]. Springerplus，2（1）：1-13.

Rodríguez-Puente R，Lazo-Cortés M S，2013. Algorithm for shortest path search in Geograp hic Information Systems by using reduced g rap hs [J]. Springerplus,2(1)：1-13.

Rosen J，Sekhar L N，Glozman D，et al，2017. Roboscope：a flexible and bendable surgical robot for single portal minimally invasive surgery ［C］.2017 IEEE International Conference on Robotics and Automation (ICRA)：2364-2370.

Schuetz C，Baur J，Pfaff J，et al，2015. Evaluation of a directo p timization method for traj ectory planning of a 9-DOF redundant fruit-picking manip ulator[J].IEEE，3（2）：660-666.

Song S，Li Z，Meng M Q H，et al，2015. Real-time shape estimation for wire-driven flexible robots with multiple bending sections based on quadratic bezier curves[J]. Ieee Sensors Journal，15(11)：6326-6334.

Sunita，Garg D,2018. Dynamizing dijkstra：A solution to dynamic shortest path problem through retroactive priority queue ［J］.Journal of King Saud University-Computer and Information Sciences,33(3):364-373.

Tan G，He H，Aaron S，et al，2006. Global optimal path planning for mobile robot based on improved Dijkstra algorithm and ant system algorithm[J].Journal of Central South University of Technology,13(1):80-86.

Tang Q J，Zhao T S,2014. Genetic algorithm optimization of a double four-bar manip ulator ［J］. Advanced Materials Research,834：1323-1326.

Wang S K，Zhu L，2015. Motion planning method for obstacle avoidance of 6-DOF manip ulator based on imp roved A * algorithm［J］. Journal of Donghua University（ English Edition），32(1)：79-85.

Wang W，Zhu M，Wang X，et al，2018. An improved artificial potential field method of trajectory planning and obstacle avoidance for redundant manipulators［J］. International Journal of Advanced Robotic Systems，15(5)：1-13.

West C，Montazeri A，Monk S D，et al，2016. Ag enetic algorithm approach for parameter op timization of a 7-DOF robotic manip ulator ［J］. Ifac Papersonline，49（12）：1261-1266.

Ye L，Duan J，Yang Z，et al，2021. Collision-free motion planning for the litchi-picking robot［J］. Computers and Electronics in Agriculture，185(2)：106151.

Zhou H B，Zhou S，Jia Yu，et al，2020. Traj ectory optimization of pickup manip ulator in obstacle environment based on improved artificial potential field method［J］. Applied Sciences，10(3)：935.

第五章　设施农业机器人末端执行器

　　末端执行装置是设施农业机器人的核心部件之一,它的设计与开发对于机器人的作业效率和精度有着至关重要的影响。末端执行装置作为设施农业机器人与农业生产对象直接接触的部分,承担着各种农业作业任务,如播种、施肥、喷药、收割与采摘等。因此,需要针对不同的作业任务和需求进行末端执行装置的设计,以保证机器人能够高效、精准地完成各项农业生产任务。

　　在设计和开发末端执行装置时,需要考虑农业生产中的多样性和变化性。不同的作物类型、生长阶段和环境条件都会对机器人的作业效率和质量产生影响。因此,需要对不同的农业生产情况进行充分调研和分析,以制定出更加适应农业作业实际情况的设计方案。例如,播种作业需要保证种子均匀地分布在田间,施肥作业需要将肥料按照规定的用量和分布方式施放在作物根系附近,喷药作业需要将药物精准地喷洒在作物靶标上。因此,需要根据不同的作业需求,选择合适的末端执行装置类型和材料,以确保机器人能够准确、高效地完成各项任务。

　　此外,末端执行装置的设计还需要考虑到机器人的移动性和灵活性。设施农业机器人通常需要在田间自由移动,并且需要适应各种地形和障碍物。因此,生产上需要设计出轻便、耐用、易于维护和更换的末端执行装置,以确保设施农业机器人的稳定性和可靠性。

第一节　设施农业喷施机器人末端执行器

　　在农林病虫害防治、田间除草等农业作业中,不可避免地需要用到化学制剂,在这些作业过程中施用不当会引起农药浪费、环境污染和农药残留等问题。化学农药防治已占据80%的主导地位,但是过分依赖农药导致了"3R"现象,即农药残留(Residue)、害物再猖獗(Resurgence)和害物抗药性(Resistance),影响整个农林生态系统。

　　设施农业喷施机器人是一种用于现代农业的自动化设备,它可以在温室、大棚或其他封闭种植环境中执行喷施任务。这种机器人通常配备了高精度的传感器和喷雾系统,能够有效地管理植物的生长环境和健康状态。这些机器人能够自动执行喷雾任务,根据预先设定计划或根据植物生长的实时需求,喷洒水、营养液或农药,设施农业喷施机器人配备各种传感器,如激光雷达、摄像头、温度和湿度传感器等,可以实时监测植物的生长情况和环境参数,机器人通过收集大量数据并进行分析,能够提供决策支持,例如,调整喷雾模式、优化营养液的配方、及时识别和处理植物病虫害问题。相较于传统的手工喷施或机械化喷施,设施农业喷施机器人能够更精确地控制喷雾量和喷雾范围,从而减少农药和水资源的使用,降低环境污染和能源消耗。通过自动化的喷施过程和精准的管理,设施农业喷施机器人可以提高作物生长的效率,确保作物能够获得适当的营养和保护,提高产量和品质。在这类领域,末端执行装置的性能直接影响机器人的作业效率及精度。本节将喷施作业机器人的喷施执行机构关键技术进行介绍。

一、典型喷施机械

1. 防飘移喷雾机

防飘移喷雾机包括风幕式防飘移喷雾机、罩盖式防飘移喷雾机、隧道式喷雾机、循环喷雾机、静电喷雾机、固定式冠层农药输运系统等典型机具,也有专用防飘移喷头。

(1)风幕式防飘移喷雾机　通常是在喷杆喷雾机的喷杆上增加风机和风筒,喷雾作业时在喷头上方沿喷雾方向强制送风形成风幕,增大雾滴穿透力,减小飘移。

(2)罩盖式防飘移喷雾机　可以通过圆弧结构罩盖的导流作用改变雾流周围的空气流场,使雾滴在短时间内沉积在靶标而达到防飘目的。

(3)隧道式喷雾机　采用两组相对的风机形成隧道式喷雾模式以提高靶标上的雾滴沉积。

(4)循环喷雾机　设药液雾滴回收装置,喷雾时雾流横向穿过靶标冠层,未被冠层附着的雾滴进入回收装置,过滤后返回药液箱,提高农药的有效利用率,减小飘移。

(5)静电喷雾机　通过高压静电发生器使喷出的雾滴带电,荷电雾滴在电场力和其他外力作用下向靶标运行,促进雾滴在靶标(特别是靶标背面)沉积。

(6)固定式冠层农药输运系统　固定式冠层农药输运系统(Solid Set Canopy Delivery System,SSCDS)由一系列微喷头组成并固定分布于整个高密度果园,图 5-1 显示微喷头在果园的不同安装位置(冠顶喷施、树间喷施、树间斜下喷施、树间斜上喷施)。图 5-2 为 SSCDS 工作框图(郑加强、徐幼林,2021),药箱 1 中的混合药液在公共泵站 2 产生的小于 240 kPa 压力作用下,经过阀门 3 而充满整个输运管路 4,多余药液经管路 5 通过回流阀 7 与管路 6 返回药箱 10;当关闭回流阀 7 时,泵压增至 415 kPa,微喷头 8 间隔 10 s 进行喷洒;打开回流阀 7,在气泵 9 的作用下,输运管路剩余药液由管路 5 经过管路 6 回到药箱 10,从而实现自动化而快速精确施用农药,最大限度减少农药飘移,避免操作人员接触农药,解决作业机械造成果树损坏和土壤压实等问题。

2. 仿形喷雾机

仿形喷雾机通过红外线、超声波、图像和 LiDAR 等仿形目标探测方法与技术获取靶标植物冠层特征信息,自动调节仿形机构到达设定的喷雾距离时,对靶标冠层按需喷施农药,提高雾滴在靶标植物冠层分布的均匀性和农药施用效率。喷雾装备是实现果园植保机械化的重要载体,一般由机架、喷杆、喷头、药箱、动力系统等部分组成。

近年来,随着精准喷雾技术的发展,喷雾装备逐步向自动化、智能化迭代升级。尤其,为提升雾滴分布质量,越来越多的喷雾机械配置了仿形机构及其控制系统,即通过人工观测或传感器探测树冠形状尺寸,手动或自动调整喷杆折叠位姿实现对树冠均匀包络,从而稳定喷雾距离,均匀药液分布,改善喷雾效果。

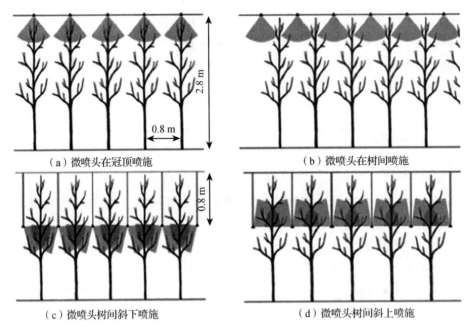

（a）微喷头在冠顶喷施　　　　　　　　　（b）微喷头在树间喷施

（c）微喷头树间斜下喷施　　　　　　　　（d）微喷头树间斜上喷施

图 5-1　微喷头在果园的不同安装位置

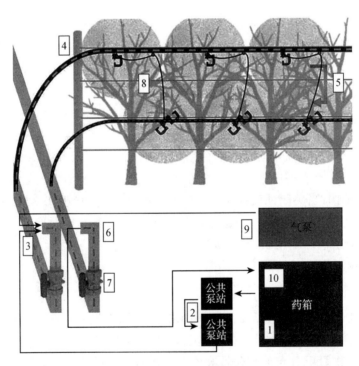

图 5-2　SSCDS 工作框图

仿形喷雾根据传感器获得树木冠层形貌信息，自动控制仿形喷雾机械的相关机构动作，使喷头组到达合适的位置，保证仿形机械结构设计的可行性和合理性尤为重要。张建瓴等设计了一种仿形喷雾装置，如图 5-3 所示，主要由 2 个对称的机械臂、滑块、转盘电动机组成（张建瓴等，2006）。该装置可以实现整行和单棵树的仿形喷雾，当对单棵树喷雾时，转盘电动机带动机械臂旋转180°。机械臂在滑块作用下可以移动,调节宽度方向的距离。机械臂1、机械臂2、机械臂3和机械臂4在直流电动机驱动螺旋机构作用下,实现相对运动,达到仿形的目的。对机械臂和喷头的运动分析和数值仿真表明,该装置基本上能够根据果树树冠的形状实现仿形运动。遇宝俊借助ADAMS软件对设计的一种喷杆变形机构做系统动力学分析,根据果树形状与高度的不同,自动变换结构,并且能够根据果树株距的不同改变中心距,实现仿形喷雾(遇宝俊,2014)。房开拓设计了一种三自由度对称双摇臂仿形喷雾机构(房开拓,2012)。徐幼林等发明了变喷杆喷雾装置,喷杆通过变形可以呈现出"一"字形、"U"形和倒"U"形3种工作状态,实现对果树、篱架植物和大田作物等不同场合的喷雾作业(徐幼林等,2012)。张疼设计了一种集喷杆式、隧道式、仿形式于一体的多功能自走式喷雾机(张疼,2016),具备喷雾模式结构转换、气流辅助防飘移功能,提高了喷雾机的使用效率。

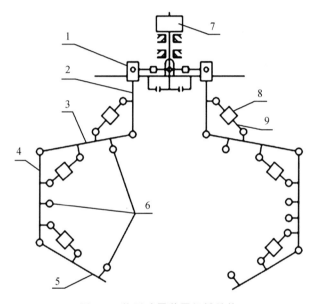

图 5-3　仿形喷雾装置机械结构

1. 滑块;2. 机械臂1;3. 机械臂2;4. 机械臂3;5. 机械臂4;
6. 喷头;7. 转盘电动机;8. 电动机;9. 螺旋机构

3. 喷杆喷雾机

设施农业喷杆喷雾机是一种专门设计用于设施农业的喷雾设备,通常用于温室、大棚或其他封闭种植环境中,采用喷杆式设计,可以在作物的上方或周围进行喷雾操作,确保喷雾液覆盖作物的各个部位,包括叶面、茎部等。喷杆喷雾机配备了高效的喷雾系统,能够均匀地将水、营养液或农药喷洒到作物上,保证作物得到充分的水分和营养,同时防治病虫害,相较于传统的手工喷施或机械化喷施,设施农业喷杆喷雾机能够更精确地控制喷雾量和喷雾范围,从而减少农药和水资源的使用,降低了环境污染和能源消耗,精准的管理可以提高作物生长的效率和质量,确保作物能够获得适当的营养和保护,提高产量和品质。设施农业喷杆喷雾机通常具有自动化控制功能,可以根据预设的程序或传感器反馈实时调整喷雾量和喷雾模式,提高喷雾的精准度和效率。生产中可通过调整喷雾角度、喷雾压力等参数,实现对作物的精准喷雾,避免药液浪费和喷雾漏失,同时最大限度地保证作物的健康生长。

4. 杂草防除机械

杂草除了在种子萌发及萌芽期施用土壤处理剂或在土表进行施药外,在杂草营养生长后期主要采用叶面喷施除草剂。化学除草剂选择性强,要求除去杂草而不伤害作物。为了提高杂草防除效率,减小环境污染,通过杂草靶标识别信息和其他信息,采用杂草定点防除机械,通过喷雾阀分别对各单个喷头的喷量进行控制。精确侧向喷雾系统应用机器视觉系统和快速响应间歇喷雾系统,在离喷雾机外侧一定距离处通过图像采集处理和位移触发控制,控制喷杆上每一喷头喷出雾滴的运行方向,向有杂草危害区域喷雾。

二、设施农业智能喷施机器人发展现状

喷施作业经历了传统人工施药、机械化施药、自动化施药和智能化施药4个发展阶段,智能施药机器人是喷施作业的必然发展趋势。智能施药机器人是集农业机械、智能感知、智能决策、智能控制等技术为一体的智能农业喷施装备,可自主、高效、安全、可靠地完成喷施作业任务。其主要工作流程如下:智能识别系统获取并处理病虫草害信息,喷雾执行系统根据智能识别系统所传递出的作物信息进行定点、定量的喷雾作业,智能导航系统生成机器人的作业路径,控制机器人自主作业。智能施药机器人技术受物联网、大数据、人工智能、传感器等前沿技术的牵引,已逐渐应用到不同施药作业场景中,世界各国对自主、高效和精准施药技术的发展潜力及应用前景达成广泛共识,纷纷研发各式各样的智能施药机器人等智能化装备。

设施农业施药机器人主要用于作业空间相对狭小的温室内,由于作业空间限制,设施施药机器人应该保证在作业过程中器械不刮碰作物,其难点技术在于机械结构小而精的设计、机械臂的精准控制以及病虫害的精准识别等。Li等针对温室内施药空间狭窄的问题,提出了基于遗传算法的离线最优喷施算法,可以针对日光温室中不同种植模式的不同作物进行施药(Li et al.,2019)。Sammons等研制的轨道式温室智能施药机器人,在喷雾装置上安装多个喷头,提高了施药机器人自主作业的效率(Sammons et al.,2005)。国内智能施药机器人研究相对较晚,且主要集中在科研院所,以试验性质为主。刘路研发的小型施药机器人采用四轮式底盘,通过单目视觉进行识别和定位,实现了作物行间冠层下方的狭小空间施药作业(刘路,2016)。扬州大学张燕军等研究了一种温室履带式智能施药机器人,采用模糊算法(Proportion Integral Differential,PID)控制策略,快速的导航纠偏能力保证机器人作业时的稳定性,满足篱架型黄瓜施药作业的高效化、无人化和智能化的需求(张燕军等,2022)。

在温室中施药,若无法保证精准喷施到植物各部位,会增加温室内的湿度,加重病害的发生。为提高施药效果,对施药机器人采用风送喷雾装置,辅助气力导流装置从植株冠层中心点向四周冠层叶片施加辅助气流,迫使冠层叶片上下振动,控制喷头对四周冠层叶片喷施药液,达到全冠层叶片的精准高效施药作业。然而,风送气流喷雾会造成较多雾滴沉积在钢构、棚顶等设施结构表面的问题,通过多自由度机械臂配合电磁阀控制喷嘴流量,可以较好地实现施药机器人的局部变量喷雾,减少雾滴逸散。Hejazipoor等设计的施药机器人采用多自由度机械臂作为喷雾装置,利用Kinectv.1相机捕获的植物深度RGB图像,用于计算植物体积来控制施药量,在作业需要时,施药控制系统展开多自由度机械臂,实现狭小空间内的精准喷洒(Hejazipoor et al.,2021)。针对大棚种植的爬架类瓜果的施药作业,设置双边双轨道四喷头机械臂,两边同时对病害区域进行重点施药,不仅能实现靶向喷药,还能提

升施药效率,同时配备静电喷嘴,提高叶片背面的沉积率,改善喷雾沉积和作业效率。

三、农药喷雾关键技术的发展

近百年来,国内外开展了大量的农药喷雾机械及其关键技术研究。随着科技发展,农药喷雾技术不断创新,新装备不断涌现,本节将对近年来普遍关注的关键技术进行分析。

(一)农药雾化技术及喷头

1. 农药雾化理论

农药雾化按喷雾量分为常量(C)、低容量(LV)、超低容量(ULV);按雾化动力分为毛细管雾化、液力雾化(扇形雾喷头、涡流式喷头等)、转盘(转笼、转杯)离心雾化、气动力雾化、超声波雾化、静电雾化等,及其组合雾化方式。雾化需要克服气动阻力、黏滞力、液体表面张力、惯性力等以及各种力的相互作用,科研人员需要研究农药及助剂物理化学性质、液体雾化的动力、液体雾化所消耗的能量等以及控滴技术原理。

2. 喷头雾化性能

喷雾性能研究包括雾滴尺寸及其均匀性研究、雾流锥角形状及沉积特性研究等,也包括喷雾参数对雾化性能的影响、雾化模型及喷雾模拟仿真以及喷头磨损规律的研究,还需要研究雾化试验标准、测试技术及可重复性保障等。

3. 特殊功能喷头

为了实现特定喷雾性能,科研人员需要研究特殊需求的喷头,如低飘移掺气(AI)喷头、可变量喷头、增加流动范围的旁路喷头、可控滴转盘喷头、采用脉冲调制的间歇流量控制喷头等。因此,需要研究设计特定结构及其流体运动动力特性。可采用模块化等设计方法开发满足特定需求的系列化喷头产品。

(二)农药直接注入技术与在线混药器

喷雾农药在线混合采用水箱和药箱分设,在农药施用过程中按需在线混合,如可通过恒定的用水量和变化的用药量实现设定的农药使用量,达到药、水、人分离,安全、可靠、高效地使用农药,解决传统农药与水预先混合后直接喷施造成的剩余药液处理问题,或配比过程中过量使用农药的问题,以减少和消除残留农药对环境的污染。

1. 不同农药注入方式

为实现农药在线与水或油混合,可采取计量泵控制、射流(旋动射流)、阀控喷嘴直接注入、缓冲罐预混式在线注入系统等不同注入混合方式。为提高农药混合均匀性和混药响应时间,将高压注入混药系统与自动可变量喷头相结合。为避免药液在混药系统管路中的残留,保证系统可重复利用并增强药水混合均匀性,发现在喷头前加入螺旋状在线混合装置能够提高可清洁性,同时试验表明采用脉冲水——空气流冲洗比连续冲洗方法更节水。

2. 不同剂型农药的混合

农药有水溶性和脂溶性之分,水溶性农药可以与水充分溶解混合,而脂溶性农药和助剂在加水稀释搅拌后以极小的油珠均匀分散在水中形成相对稳定的乳浊液,或以平均粒径 $2\sim3\,\mu m$ 分散颗粒与水混合形成有明显分层现象的悬浮剂。国内外开展了大量的水溶性农药在线混合研究。鉴于脂溶性农药的特殊性,设计旋动射流混药器,发挥旋动射流的卷吸能力和掺混作用来提高脂溶性农药的混合均匀性。

3. 农药混合性能测试

混合均匀性及稳定性检测是在线混药的关键指标,可采用荧光分析和高速摄影技术检测混合浓度均匀性和动态浓度一致性等,并对影响因素进行分析。

(三)可变量控制技术

由于农田中各小田块的含水率、有机物含量等各不相同,需要适时依据其变量信息,对每一小田块进行可变量精确施肥施药等,此时就需要采用可变量技术(Variable Rate Technology,VRT),其核心是可以根据喷雾目标按需施药的可变量喷雾控制系统。

1. 可变量控制系统

计算机控制器接收来自地理信息系统、田间定位系统、实时传感器等信息,控制可变量施用设备调节施用量,通过流量控制系统控制总流量,流量传感器检测实际流量并将此信息传送给计算机控制喷雾系统实现微调。

2. 施药量调节模型

根据特定需求,可通过施药量调节模型检验合理施药量与沉积量关系等。为提高喷雾机施药量的精准性,建立回归方程预测和控制脉宽调制(Pulse Width Modulation,PWM)电磁阀占空比和工作喷头总流量,研究变量控制系统响应特性和建模仿真等。

(四)仿形喷雾技术与仿形机构

仿形对靶喷雾技术是根据传感器探测获得的果树、行道树和园林景观树以及篱架型植物等靶标冠层形貌信息,自动调节喷雾机相关机构到达理想喷雾距离进行仿形对靶喷雾作业,以提高雾滴在靶标冠层分布的均匀性和农药施用效率。

1. 仿形机构及仿形喷雾模型

仿形喷雾机构主要有倒 U 型、双摇臂型和变喷杆型等,为更好地分析仿形喷雾作业,通过仿形喷雾模拟试验、虚拟仿真及喷雾模型等研究,确定仿形变量喷雾关键参数与雾化特性及仿形对靶的关系等。

2. 仿形喷雾系统及关键参数

根据靶标形貌特征,建立仿形控制喷雾系统,优化研究冠层梯度、喷头安装控制、喷雾方向与辅助风速、喷雾压力与流量调节等关键参数。

(五)雾滴飘移控制技术与雾滴沉降沉积行为分析

雾滴飘移是农药使用过程中通过空气向非预定目标运动的现象,包括飞行飘移和蒸发飘移。飘移会造成环境污染、农药流失、农药有效利用率低。飞行飘移包括非靶标(non-target)飘移和田块外(off-field)飘移,非靶标飘移会污染田块、水源和空气等,田块外飘移甚至会危及人类居住地、蜜蜂养殖等。因此,我们需要研究飘移控制与沉积行为。

1. 雾滴运动行为研究

雾滴运动行为直接影响雾滴飘移性能及沉积分布,要减少雾滴脱靶的可能性,通常可采用 CFD 模拟进行飘移控制研究。AGDISP 是基于拉格朗日雾滴跟踪算法的喷雾模型,可输入喷雾机信息、喷杆喷嘴位置、雾滴尺寸分布、喷雾液体特性、喷雾高度和气象学等参数。AGDISP 还可融入雾滴蒸发模型、雾滴沉降时间步长算法、光学冠层模型、顺风 20 km 远场高斯模型、跟踪挥发性活性喷雾液体的欧拉模型等。

2. 雾滴与靶标

喷雾助剂、雾滴大小、靶标植物叶片物理特性是影响药液沉积性能的重要变量,需要关注农药雾滴在靶标植物叶面的撞击(正向撞击、斜撞击)、弹跳、浸润、持留、蒸发等行为及调控技术。

3. 飘移控制方法与测试

喷头类型、气流、喷雾方向等喷雾参数以及气象条件等对雾滴飘移影响显著,研究中常采用风洞和相关测试平台对雾滴飘移进行测量和评价,也有采用稳态和瞬时测量技术测量二维目标区域的雾滴覆盖,或采用白色塑料板、尼龙网、不锈钢网作为喷雾沉积采集器,通过高速成像系统判断雾滴穿透率和回收率等。

(六)静电喷雾技术与雾滴充电方法

农药静电喷雾技术研究荷电雾滴向植物靶标运行过程及其电场梯度、空间电荷分布、雾滴尺寸和运行速度、喷雾机动力学、气候条件、植物物理特性等对雾滴充电效果及静电喷雾沉降性能的影响。

1. 雾滴充电技术

雾滴充电技术是实现静电喷雾性能的重要环节,包括电晕充电、感应充电、接触充电及其各种组合充电方式,需要结合不同的喷头类型和喷雾形态,实现必要的雾滴荷电量,形成良好的诱导电场;也可尝试其他充电技术,如等离子体脉冲荷电喷雾技术,即窄脉冲电晕放电产生的高能电子能使气体电离成正、负离子,当药液雾化形成的雾滴通过电离区与离子碰撞时,电荷便传给雾滴使其荷电。

2. 静电喷雾性能测试

静电喷雾性能包括雾滴尺寸分布、流场状态、荷质比等,需建立模型和试验设施研究流场状态、电荷衰减规律等。荷质比决定荷电雾滴沉积,采用模拟目标、网状目标、法拉第筒法测试、瑞利极限等可以反映雾滴最大荷电量信息。

第二节 设施农业采摘机器人末端执行器

设施农业采摘机器人末端执行器在农业领域的发展尚不成熟,这主要是由以下几点造成:一是农业环境具有非结构化或半结构化的特点,导致其场景复杂度远远高于工业环境,对采摘算法的鲁棒性以及稳定性都提出了很高的要求;二是农产品通常具有质地脆弱、易擦伤、易黏附和难以被夹紧的特点,其抓取复杂度远高于简单的工件;三是农业产品的果实形态特征、生长发育情况各异,且个体之间也有较大差异;四是农产品通常具有较为固定的采摘时机,不当的采摘时间将大大影响农产品的质量,这对采摘机器人的智能化与工作效率提出了较高要求;五是采摘机器人的服务对象大多是农民,因此采摘机器人要具有工作可靠、操作简单的特点。除此之外,考虑到农产品的利润较低、季节性较强等特点,需要严格控制采摘机器人的成本。由于上述因素,采摘末端执行器对结构的设计、材料的选择、抓取方式的设计、控制系统的设计都提出了更高的要求。

一、末端执行器分类

根据末端执行器的驱动方式和材料不同,将现有的末端执行器分为刚性末端执行器和柔性末端执行器。

(一)刚性末端执行器

采摘机器人刚性末端执行器是由高强度的金属材料制成,或由刚性关节和连杆组成,可以配备各种不同的工具,如夹持器、切割器和传感器等,以适应不同的采摘需求,可以承受采摘过程中的各种压力和冲击。这种执行器可以与机器人的机械臂配合使用,具有高精度、高强度和耐用的特点,可实现高效率的采摘作业。

刚性末端执行器在采摘机器人领域具有广泛的应用,如水果、蔬菜、鲜花等农作物的采摘,以及林业、渔业等领域的作业。这种执行器可以大大提高采摘效率和质量,同时减少人工采摘的成本和风险。

1. 刚性夹持型末端执行器

刚性夹持型末端执行器一般采用 2～5 个手指固定果蔬。伊朗的莫哈赫·阿达比里大学的 Ali Roshanianfard 团队(2020)设计了一种南瓜采摘末端执行器,如图 5-4(a)所示,该五指末端执行器能够将半径为 265 mm,质量为 20 kg 的南瓜竖直举起并旋转采摘。西班牙的莱里达大学的 Davinia Font 团队(2014)设计了一种果实采摘末端执行器,如图 5-4(b)所示,该末端执行器用上部的可控手指抓取果实,再用下部的固定手指进行稳固。希腊的帕拉斯大学的 Fotios Dimeas 团队(2015)设计了一款草莓采摘三指末端执行器,如图 5-4(c)所示,该末端执行器能夹持不同位置姿势的草莓。加拿大拉瓦尔大学 Birglen 和 Gosselin (2006)研究并发明的欠驱动三指手,如图 5-4(d)所示,驱动部件只有 2 个电动机,整个机构却有 10 个自由度,以欠驱动的方式实现所有手指的抓取和放开。

近年来,国内也研究出了大量刚性夹持型末端执行器。河南科技大学的杜新武团队(2019)设计了一个菠萝采摘末端执行器,如图 5-5(a)所示,该末端执行器用两个对称的圆弧状结构夹持菠萝,再用刀片将其与作物分离。西北农林科技大学的马龙涛团队(2020)设计了一个猕猴桃采摘机器人,如图 5-5(b)所示,该末端执行器用两指稳定果实。四川农业大学的王宜磊团队(2018)设计了猕猴桃采摘末端执行器,如图 5-5(c)所示,该末端执行器为四指结构,利用丝杠电机提供动力,实现手指的张开与收紧。傅隆生等(2015)研制了基于果实和果柄分离特性的猕猴桃采摘末端执行器,如图 5-5(d)所示,工作时先从下旋转包络分离毗邻果实,然后抓取目标果实向上运动,将果实与果柄分离,试验证明该末端执行器能实现猕猴桃单果稳定抓取、无损采摘,采摘成功率达 96%,采摘速度为 22 s/个。

刚性夹持型末端执行器的优势在于精准度高、响应速度快、夹持力大,但也具有自适应能力差、易损伤果蔬的缺陷。因此,刚性末端执行器通常被设计为欠驱动结构,或安装传感器以防止其损伤果蔬。

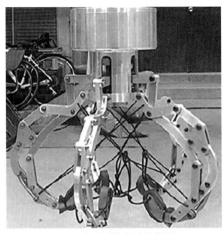

（a）南瓜采摘末端执行器
（Roshanianfard et al.，2020）

（b）果实采摘末端执行器
（Font et al.，2014）

（c）草莓采摘末端执行器
（Dimeas et al.，2015）

（d）欠驱动三指手
（Birglen and Gosselin，2006）

图5-4　国外的刚性夹持型末端执行器

2. 刚性非夹持型末端执行器

刚性非夹持型末端执行器一般采用刀片将果柄切断以完成采摘。挪威的 Xiong Ya 团队（2020）设计了一种用于采摘草莓的电缆驱动的非夹持型末端执行器，如图 5-6（a）所示，该末端执行器由三个主动指、三个被动指和一个切割装置组成，末端执行器下方有一个储存容器。采摘草莓时，该末端执行器从下方接近草莓，然后手指闭合从而将草莓"吞下"，闭合过程中，切割装置切断果柄，草莓落在一个倾斜的下落板上。

深圳大学的张檀团队（2019）设计了一款采用 3D 打印制成的末端执行器，如图 5-6（b）所示，该末端执行器参考了操作工采收时用手捏住果柄内侧，再用指甲掐断果柄外侧的采摘模式，当末端执行器闭合时，中层结构和底层结构固定果柄内侧，随后刀片将果柄外侧切断。重庆大学的王毅团队（2018）设计了一款基于蛇嘴咬合动作的柑橘采摘末端执行器，如图 5-6（c）所示，该末端执行器将柑橘吞入并闭合后，使用刀片将果柄切断。

（a）菠萝采摘末端执行器　　　　　　　　（b）猕猴桃采摘机器人
（杜新武等，2019）　　　　　　　　　　（马龙涛等，2020）

（c）猕猴桃采摘末端执行器　　　　　　　　（d）猕猴桃采摘末端执行器
（王宜磊等，2018）　　　　　　　　　　（傅隆生等，2015）

图 5-5　国内的刚性夹持型末端执行器

 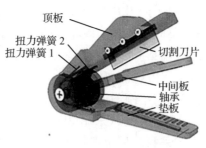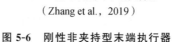 

（a）非夹持型末端执行器　　　　（b）3D 打印制成的末端执行器　　　　（c）柑橘采摘末端执行器
（Xiong et al.，2020）　　　　　（Zhang et al.，2019）　　　　　　（王毅等，2018）

图 5-6　刚性非夹持型末端执行器

刚性非夹持型末端执行器对果蔬的夹持力较小或为零,所以对果蔬的损伤较小,但由于刚性非夹持型末端执行器用刀片剪断果蔬的果柄,在非结构化环境中容易对非目标果实和植株造成损伤,并且"剪刀式"末端执行器对视觉要求高、鲁棒性差。

(二)柔性末端执行器

柔性末端执行器能够顺应果蔬的形状、大小从而固定果实,具有较好的自适应能力,所以柔性末端执行器受到研究人员的广泛关注。柔性末端执行器的种类有很多,但农业领域关于柔性末端执行器的研究时间短,种类单一,根据其抓取果蔬的方式,柔性末端执行器可被分为两种类型:柔性夹持型末端执行器和柔性吸附型末端执行器。

1. 柔性夹持型末端执行器

柔性夹持型末端执行器与刚性夹持型末端执行器的抓取方式类似,但驱动方式和结构具有显著差异。目前,农业领域柔性夹持型末端执行器的主要种类包括接触驱动变形型和流体弹性驱动型,接触驱动变形型末端执行器依靠与目标接触产生的被动形变实现抓取,流体弹性驱动型末端执行器通过流体对易变形材料制成的腔室施加压力产生形变。

比利时的 Octinion 公司的 Andreas De Preter 团队(2018)开发了一种接触驱动变形的草莓采摘机器人,如图 5-7(a)所示,该末端执行器由两个柔性框架结构组成,柔性框架结构接触草莓产生变形后,能够包裹草莓并提供较大的接触面积,产生均匀的压力分布。荷兰的瓦赫宁根大学研究中心的 J. Hemming 等(2016)设计了一种仿生接触驱动变形末端执行器,如图 5-7(b)所示,该末端执行器为鳍条型柔性结构,该结构接触物体时会弯曲并顺应物体表面形状,然后在反作用力的作用下实现抓取。日本的立命馆大学的 Zhong kui Wang 团队(2020)设计了一种流体弹性驱动的末端执行器,如图 5-7(c)所示,该末端执行器为四指柔性夹爪,具有一定的通用性,能在不同驱动气压下夹持球形或圆柱形对象。澳大利亚的悉尼大学的 Jasper Brown 团队(2021)设计了一种四指流体弹性驱动末端执行器,如图 5-7(d)所示,基于手指的弯曲方向差异,具有三种抓握方式,能够从树上采摘非成簇生长的果实。

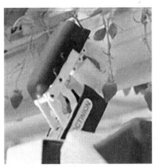

（a）接触驱动变形的
草莓采摘机器人
（De Preter et al.，2018）

（b）仿生接触驱动变形
末端执行器
（Hemming et al.，2016）

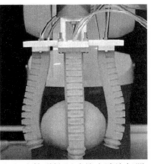

（c）流体弹性驱动的末端执行器
（Wang et al.，2020）

（d）四指流体弹性驱动
末端执行器
（Brown et al.，2021）

图 5-7　国外的柔性夹持型末端执行器

湖北工业大学的刘凡团队(2019)设计了应用于农业采摘的柔性夹持型末端执行器,如

图 5-8(a)所示,该末端执行器是一种流体弹性驱动结构,通过气动夹持物体,测试了其抓取不同形状物体的能力。南京农业大学的卢伟团队(2020)设计了一种流体弹性驱动的褐菇采摘末端执行器,如图 5-8(b)所示,该末端执行器基于褐菇的物理特性优化了设计。安徽科技学院陈丰团队的童以等(2023)设计了一款气动三指结构椭球形果蔬采摘末端执行器,如图 5-8(c)所示,该末端执行器总体由手指、支架、气源产生装置以及电路、气路等部分组成,该末端执行器小巧灵活,质量仅为 1 kg,作业时手指张开时间为 2 s,夹取时间为 3 s,通过对多种椭球形果蔬进行采摘,采摘成功率超过 92.5%,夹取损伤率不高于 7.5%。东北大学的陈洋团队(2018)设计出了一种流体弹性驱动末端执行器,如图 5-8(d)所示,该末端执行器与传感器集成,能够自适应抓取苹果、柠檬等果蔬。

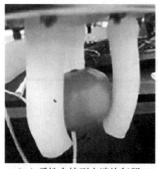

（a）柔性夹持型末端执行器
（刘凡等，2019）

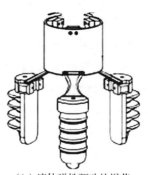

（b）流体弹性驱动的褐菇
采摘末端执行器
（卢伟等，2020）

（c）三指结构椭球形果蔬采摘
末端执行器（童以等，2023）

（d）流体弹性驱动末端执行器
（Chen et al.，2018）

图 5-8　国内的柔性夹持型末端执行器

由于柔性材料的物理特性,柔性末端执行器制作方便、驱动简单、自适应性强,但柔性夹持型末端执行器的夹持力比刚性夹持型末端执行器小。在柔性末端执行器中,接触驱动变形的末端执行器仅能夹持质量较小的果实,流体弹性驱动的末端执行器的手指体积较大,其性能在非结构化环境中容易受到干扰。

2. 柔性吸附型末端执行器

柔性吸附型末端执行器通过吸盘固定果蔬或负压吸附通道完成果蔬的采摘。日本农业机械研究所的 Shigehiko Hayashi 团队(2010)设计出一种草莓采摘末端执行器,如图 5-9(a)

所示,该末端执行器的吸盘能够吸附并固定草莓,再通过刀片切割果柄。荷兰瓦赫宁根大学研究中心的 J. Hemming 等(2016)设计了一种吸附型甜椒采摘末端执行器,如图 5-9(b)所示,该末端执行器用吸盘固定果实后,唇形结构闭合,夹断果柄。国家农业智能装备工程技术研究中心的冯青春团队(2012)设计了一种草莓采摘末端执行器,如图 5-9(c)所示,该末端执行器的吸盘固定草莓后,切割装置中的电热丝将草莓与作物分离。江西理工大学的刘静团队(2019)设计并制作一款柑橘类水果采摘机器人,如图 5-9(d)所示,该款机器人的末端执行器采用吸入式,末端执行装置由摄像头和环形剪刀两部分组成,割断柑橘果柄后,柑橘通过管道被吸入其下方的存贮机构内。

（a）草莓采摘末端执行器
（Hayashi et al.，2010）

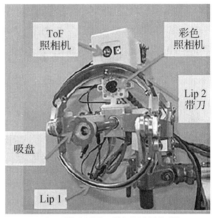

（b）吸附型甜椒采摘末端执行器
（Hemming et al.，2016）

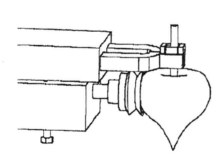

（c）草莓采摘末端执行器
（冯青春等，2012）

（d）柑橘类水果采摘机器人
（刘静等，2019）

图 5-9　柔性吸附型末端执行器

　　柔性吸附型末端执行器结构简单、成本低、易于制作,但由于该类型末端执行器多使用刀片将果蔬剪断,在非结构化环境中容易对非目标果实和作物造成损伤。此外,由于不同果蔬的表面差异显著,吸盘吸附果蔬时会出现果蔬脱落的情况。

(三)刚柔耦合末端执行器

刚柔耦合末端执行器采用了刚柔耦合的形式,由柔性吸盘和刚性手指组合而成。

美国佛罗里达大学的 Kyusuk You 团队(2016)设计了一种水果采摘末端执行器,如图 5-10(a)所示,该末端执行器的吸盘和手指底部能共同产生吸力以固定果实。中国农业大学的徐丽明团队(2018)设计了一种脐橙采摘末端执行器,如图 5-10(b)所示,该末端执行器采摘脐橙时,用吸盘定位果实并用夹持器固定,最后用刀片剪断果柄。河北农业大学李娜团队(2015)设计了一款多指式刚柔混联欠驱动草莓采摘机械手,并利用气动肌腱实现驱动,如图 5-10(c)所示,该机械手设置欠驱动关节,具有结构简单、低能耗的特点,同时在手指单元中加入柔顺构件,利用其柔性变形可减小采摘中对果实的损坏。浙江理工大学的崔志军团队(2019)设计了一种刚性与柔性联合驱动的农产品采摘机械手,如图 5-10(d)所示,该机械手在保证输出力的同时也对农产品进行了保护。

(a)水果采摘末端执行器
(You et al.,2016)

(b)脐橙采摘末端执行器
(徐丽明等,2018)

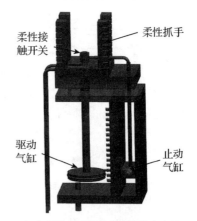

(c)多指式刚柔混联欠驱动草莓采摘
机械手(李娜等,2015)

(d)刚性与柔性联合驱动的农产品
采摘机械手(崔志军等,2019)

图 5-10 刚柔耦合末端执行器

二、末端执行器材料

在选择采摘机器人末端执行器材料时,需要考虑材料的耐磨性、耐腐蚀性、抗冲击性、重量轻和低成本等因素。其中,耐磨性和抗冲击性是采摘机器人末端执行器材料的关键因素。耐磨性好的材料可以减少执行器的磨损,提高机器人的精度和寿命;抗冲击性好的材料可以吸收冲击力,提高机器人的稳定性和可靠性。

在制作刚性末端执行器时常用的材料包括不锈钢、铝合金、高强度尼龙等。其中,不锈钢具有较好的耐磨性和抗腐蚀性,但成本较高;铝合金质量轻、成本低,但耐磨性和抗冲击性较差;高强度尼龙具有较好的耐磨性和抗冲击性,但抗腐蚀性较差。因此,在选择采摘机器人末端执行器材料时,需要根据应用场景的实际需求进行综合考虑。

近年来,一些新型材料也逐渐应用于采摘机器人末端执行器中,如碳纤维增强塑料、钛合金等。这些新型材料具有质量轻、强度高、耐磨性好、抗腐蚀性强等优点,可以进一步提高采摘机器人的性能和寿命。但是,这些新型材料的成本较高,还需要进一步降低成本才能广泛应用。

在制作柔性末端执行器时常使用非金属材料,如聚合物、陶瓷以及复合材料等,这些材料具有轻质、高强度、耐磨性好等优点,能够提升机器人的灵活性以及精确度。例如,碳纤维复合材料在制造轻量化的末端执行器时发挥了巨大作用,同时保持良好的强度和耐磨性。目前使用较多的柔性材料是弹性硅橡胶材料,它具有质量轻、可塑性强、弹性好等优点,能够提升机器人采摘的灵活性,降低果蔬采摘损伤率。

三、末端执行器传感模块

采摘机器人的末端执行器传感模块是一个非常重要的部分,它能够让机器人准确地感知到水果的位置和大小,从而进行精准采摘。传感模块通常由多个传感器组成,包括触觉传感器、视觉传感器和距离传感器等。这些传感器能够提供全面的信息,帮助机器人确定果蔬的位置和形状,以及判断是否已经成功抓住了果蔬。

在采摘过程中,传感模块会不断地向控制模块发送信息,控制模块则会根据这些信息调整机器人的动作,以确保采摘的准确性和效率。例如,如果传感器检测到机器人没有准确地抓住果蔬,控制模块会调整机器人的动作,以确保下一次采摘的成功。

除了提供精准的采摘功能外,末端执行器传感模块还可以提供其他有用的信息,如果蔬的质量和数量等。这些信息可以帮助了解果蔬的作物产量和品质,从而更好地规划和管理农业生产。

目前柔性传感器越来越成为采摘机器人末端执行器的首选,一些商用的柔性传感器都是基于导电材料在应变作用下电阻或电容变化的原理。这些传感器自身具备一定的柔性,嵌入硅胶本体后可以用来检测弯曲、拉伸、应力等信息,图5-11所示为三类传感器。

四、控制系统

对于一台全自主采摘机器人而言,其控制系统主要由感知信息、认知与响应、产生决策结果三个阶段组成,所感知的信息包括深度/距离信息、位置/定位信息、视觉/多光谱信息、物理/生物信息;认知与响应阶段主要包括环境重建、目标识别定位、作业协调与优化、选择性(变量)作业评估、知识推理、知识图谱构建、控制模型切换;产生决策结果阶段包括生成环境地图、目标3D坐标集、作业路径和作业参数、控制序列等以及模型库更新和控制策略更新。

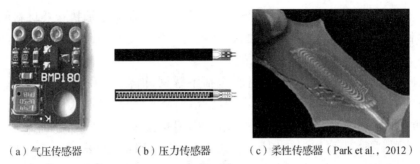

（a）气压传感器　　　　（b）压力传感器　　　（c）柔性传感器（Park et al.，2012）

图 5-11　三类传感器

虽然目前主流的控制方案是视觉伺服控制，但是也有学者采用了其他种类的控制方案，例如，挪威的生命科学大学的 Xiong 等（2019）在机械手夹具里设置了三个红外传感器，采集的信息能够为控制系统提供反馈，从而提高采摘的成功率。这种控制方案既能够提高处理速度、避免采摘过程中果实的相互碰撞，也能验证采摘过程是否成功。

由此可见，在视觉控制方案的基础上，结合其他控制方法，将有助于提高机器人的感知能力，也将提升机器人的环境自适应能力和控制系统的鲁棒性。

五、末端执行器面临的问题

（一）准确率不高

采摘过程中，末端执行器会夹取滑落，或者夹取不稳定，易造成采摘不成功，就会产生采摘准确率不高的问题。因此设计的采摘末端执行器，要具有一定的自适应性，做到包裹紧实，不易滑落。

（二）夹取损伤严重

夹取损伤严重也是采摘机器人作业过程中常见的问题，其中作业损伤不仅包括末端执行器夹持力过大造成的损伤，也包括作业过程中对外界环境触碰造成的损伤，夹取损伤也影响了采摘的准确率。无论是吸入式或夹取式末端执行器，在采摘过程中，由于其结构材料较硬，夹取力或吸力不容易控制，很容易对果蔬表皮及组织造成损伤。

（三）通用性不强

关于通用性问题，不仅包括不同环境作业的通用性，也包括相似果蔬间作业的通用性，现有的设计主要针对特定环境进行设计，机械臂灵活性以及作业范围有限，改变作业环境或者作业对象，采摘机器人将无法工作，但随着仿生技术的推进，这一问题将得到解决。

第三节　设施农业移栽机械末端执行器

移栽又称移植，是将已培育好的幼苗移栽到大田的一种农艺，可增加土地复种指数，大幅度提高作物产量及品质，机械化移栽可提高种植质量且降低生产成本。采用移栽方式种植的旱地作物有粮食作物、经济作物和药用作物等，其中粮食作物有玉米等，经济作物主要有棉花、油菜、烟草等，药用作物有丹参等。移栽种植方式在经济作物栽培中运用最为广泛。

设施农业移栽潜力巨大,但中国现阶段机械化移栽技术的研究起步较晚,目前市场上尚没有成熟的机型推广应用,包括设施农业移栽机在内的各类机型。以蔬菜种植为例,中国蔬菜产量约占世界蔬菜总产量的 60%,2020 年设施蔬菜种植面积达 $4.2×10^6$ hm^2,约有 60% 的蔬菜采用育苗移栽种植,但机械化程度不高,目前仍以人工移栽为主。现有机械总体保有量较少,主要在于采用机械移栽作业时存在效率低、成本高、伤苗、易漏栽等问题,这些成为制约移栽机械化发展的关键因素,因此提高自动化移栽机发展水平迫在眉睫。本节将对设施农业移栽机以及设施农业移栽机器人末端执行器的研究现状、移栽末端执行器面临的问题进行介绍。

一、设施农业移栽机

(一)吊杯式和钳夹式移栽机

吊杯式和钳夹式移栽机是两种常见的设施农业种植设备,它们用于在温室、大棚或其他封闭种植环境中进行植物移栽操作,帮助种植者提高种植效率和质量。

吊杯式移栽机在市场上应用最广泛,根据栽植器结构不同可分为转盘式、行星齿轮式和多连杆式。钳夹式移栽机有圆盘夹式和链条夹式。两者工作原理均是秧苗随栽植器作回转运动,高处的人工喂苗,低处的植入土壤,不同的是,吊杯式秧苗是靠自重落入苗穴。吊杯式移栽机通常采用一系列吊杯,每个吊杯可以容纳一个植物苗或者一小块种植介质(如泥土、气凝胶等)。通过吊杯系统,移栽机能够自动提取植物苗或种植介质,并将其移至目标位置,完成移栽操作,具有较高的移栽速度和效率,适用于大规模的种植作业以及不同类型的植物苗移栽,包括小型苗木、插秧等。钳夹式移栽机通常采用一系列机械臂或夹具,能够夹取植物苗或种植介质,并将其移至目标位置,通过机械臂的精确控制,能够实现对植物苗的精准夹取和放置,适用于种植密度较高的环境,不仅适用于植物苗的移栽,还可用于种植介质的放置,如气凝胶、泥土等。钳夹式移栽机由于采用机械臂设计,具有较强的灵活性,能够适应不同形状和大小的植物苗。这两种移栽机都能够提高种植作业的效率和质量,选择合适的移栽机取决于种植环境、植物种类以及种植者的具体需求。

(二)导苗管式移栽机

多功能导苗管式移栽机,由人工将苗盘架上的苗盘移放至输送带,工作时,由移栽机前方的推土铲平地,开沟器开出苗沟,搅拌好的肥料由肥料箱经下方管道排入苗沟。与此同时,上方输送带已将钵苗运送到导苗管管口,苗体在自重下沿管内壁滑落,由导苗机构直接栽植,或苗下落到导苗管最下端时,支架转动使栽植器到达最高位置,接到苗体后往下转动到最低位置时,在弹簧装置的作用下打开植苗。栽植器在上升过程中,弹簧收缩,将栽植器末端合拢,最后覆土,注水器洒水,完成移栽。国外对于导苗管式移栽机机型研制较为成功,代表机型多,均已推广使用。国内导苗管式移栽机机型较少,且停留在试制阶段,市场化应用较少。

(三)挠性圆盘式移栽机

挠性圆盘式移栽机由人工将幼苗摆放至送苗装置,在传送带作用下送苗装置夹持幼苗垂直向下运动,两片柔性圆盘在上端张开夹持幼苗,至地面沟槽内放苗移栽。该类移栽机的关键技术为宜栽区间的确定,可借助仿真软件编写挠性圆盘投苗过程的仿真脚本,验证其仿真过程与实际过程是否吻合。同时,对栽植过程中幼苗的运动轨迹方程及曲线,幼苗轨迹为余摆线,两个零速栽苗点形成的区间为宜栽区间,田间试验的检验评价指标为幼苗直立度、栽苗合格率、伤苗率。

二、设施农业移栽机器人末端执行器

夹苗取苗机是机械化移栽技术的基础和核心,国内对夹苗取苗机研究较多的是其中的夹苗取苗末端执行器。现有夹苗取苗末端执行器,根据取苗动作可分为夹取式取苗装置、气力式取苗装置、顶出式取苗装置及复合式取苗装置。取苗中存在的主要问题在于取苗装置对钵苗损伤率高,作业效率不够高,通用性和自适应性差。

(一)夹取式取苗装置

夹取式取苗装置通过驱动源(机械、气动、电动或电磁式)控制传动部件,使取苗爪产生相应的运动并夹取秧苗,实现取苗。

浙江理工大学的俞高红等研制了一款利用齿轮组控制取苗爪夹取钵苗的取苗机(俞高红,2012),其结构如图 5-12 所示。工作时,通过椭圆齿轮与不完全非圆齿轮的相互配合控制取苗爪从钵苗盘中夹取钵苗,然后在特定位置释放,使钵苗落入送苗装置或栽植装置,实现钵苗的自动化取苗。

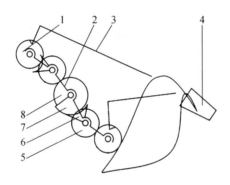

图 5-12 椭圆齿轮行星系蔬菜钵苗取苗机结构简图
1. 行星椭圆齿轮;2. 行星架;3. 移栽爪;4. 钵苗盘;5. 中间椭圆齿轮;
6. 凹锁止弧;7. 凸锁止弧;8. 不完全非圆齿轮

江苏大学的韩绿化等研制了一款由微型气缸控制取苗针夹取钵苗的两指四针钳夹式取苗机械手(韩绿化等,2015)。中国农业大学的崔巍等利用齿轮与五杆机构的相互配合研制了一款类似的取苗机构(崔巍等,2013)。

(二)气力式取苗装置

气力式取苗装置通过气体作用于钵苗,利用气吹或者气吸的原理把钵苗从苗盘中取出,放入送苗装置或栽植装置,完成取苗工作。

石河子大学的高捷等利用气吹原理研制了一款基于射流冲击的穴盘立式取苗装置,其结构如图 5-13 所示(高捷等,2016)。工作时,通过凸轮转动控制滚子推杆将气体推入穴盘底部(底部有小孔),减小穴盘与钵苗之间的结合力,然后由末端喷嘴喷出气体,将钵苗吹出穴盘,使钵苗落到输送带上,实现钵苗的自动化取苗。

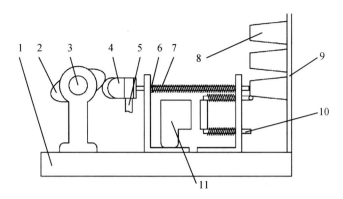

图 5-13　穴盘立式取苗装置结构简图
1. 机架；2. 凸轮；3. 凸轮轴；4. 滚子推杆；5. 接气软管；6. 顶杆气嘴；7. 复位弹簧；
8. 穴盘；9. 穴盘滑轨；10. 落盘机构；11. 电磁铁

中国农业大学的袁挺等利用气吹与振动的联合作用设计了一款类似的取苗机构，利用吹气管吹出的气流，对钵体上表面施加吹力，辅以苗盘的振动，使钵苗脱离苗盘，进而落入栽植机构进行移栽(袁挺等，2019)。江苏大学的韩绿化等研制了一款类似的气吹式钵体松脱装置用于蔬菜钵苗的取苗工作(韩绿化等，2019)。

(三)顶出式取苗装置

顶出式取苗装置由控制机构控制顶杆移动，将钵苗从苗盘顶出，并落入栽植装置，实现钵苗的自动化取苗。

尹大庆研制了一款利用凸轮控制的顶杆有序顶出式分秧机，其结构简图如图 5-14 所示(尹大庆，2014)。其利用凸轮式间歇机构控制顶杆(用弹簧进行复位)将钵苗顶出钵盘，使钵苗落入栽植装置，完成取苗工作。

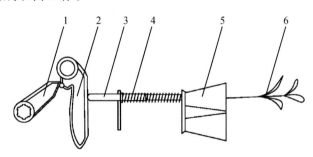

图 5-14　杠杆有序顶出式分秧机构结构简图
1. 拨杆；2. 杠杆；3. 顶杆；4. 弹簧；5. 钵盘；6. 钵苗

湖南农业大学的徐玉娟等采用双螺旋送苗机构设计了一款类似的顶出式取苗装置，取苗成功率得到提高(徐玉娟等，2016)。东北农业大学的宫成宇等研制了一款类似的顶出机构，实现了玉米钵苗的整排取苗，提高了移栽效率(宫成宇等，2013)。

(四)组合式取苗装置

组合式取苗装置一般由顶出式取苗机构和夹取式取苗机构组成，具有两者的优势，先由顶苗机构将钵苗顶出苗盘，再由夹苗器夹取钵苗并送到栽植机构，实现钵苗的自动化取苗。

河南科技大学的金鑫等设计了一款顶出—夹取式取苗机构,结构如图 5-15 所示(金鑫等,2016)。其通过凸轮机构和齿轮—槽轮机构的相互配合完成苗盘的横向与纵向移动,再由曲柄滑块机构将钵苗顶出苗盘,最后由凸轮和齿轮齿条机构联合控制取苗爪夹取钵苗,完成取苗工作。

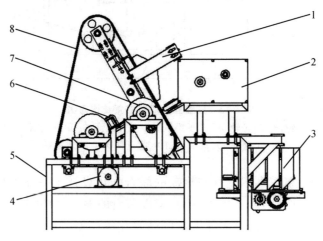

图 5-15　穴盘苗自动输送装置结构简图
1. 引导板;2. 夹苗机构;3. 导苗筒;4. 横向移盘机构;5. 机架;
6. 顶苗机构;7. 纵向移盘机构;8. 苗盘进给装置

中国农业大学的王蒙蒙等通过摆杆式夹取爪与顶苗机构的相互配合研制了一款相似的曲柄摆杆式取苗装置(王蒙蒙等,2015)。中国农业机械化科学研究院的何亚凯研制了一款类似的顶苗机构与夹苗机构相结合的自动取苗装置用于蔬菜钵苗的取苗工作,采用取苗针夹取钵苗(何亚凯,2018)。

三、移栽末端执行器面临的问题

(一)农艺没有考虑宜机化,重视程度低

机械化移栽本身对农艺的要求较高,中国旱地作物的播种、育苗等机械化程度不高,农艺不规范,例如,沟宽、垄矩、起垄方式以及温室大棚的结构设计等没有考虑宜机化,这对移栽机的适应能力提出了较高的要求。

(二)中大型移栽机推广较慢,研发制造成本高

国外农业多为大农场模式,尤其是欧美国家,设计的移栽机体型庞大,制造成本高,价格昂贵。从研发制造情况看,移栽机研发周期长且人力和资金投入高,影响了农机企业研发投入的积极性,而科研院所的研发与市场并没有很好地结合起来。从市场推广情况来看,中国多为小农户种植,分布广而散,一般农民负担不起较昂贵的中大型移栽机,小型号的机型更适宜于中国作物的种植模式。

(三)易破损,幼苗损伤大

移栽末端执行器对作物的损伤主要集中在取苗和栽植两个关键环节,尤其是取苗机构作为移栽机最核心的部件之一,其主要问题为取苗成功率低、漏取、幼苗受伤、钵体易破损

等,直接影响了整机移栽质量。幼苗的损伤率以及栽后长势是评价种植机械性能的重要指标,移栽伤苗、漏栽不可避免,可以采取补苗措施,将损失降低至可接受范围之内。

(四)结构复杂,智能化程度低

传统的移栽机结构复杂,较多地采用复杂的机械传动方式,易造成幼苗损伤问题。农田环境复杂多变、作业对象差异性较大使得其移栽质量下降。随着电子电气技术的发展,电气传动、液压传动等将推动移栽机械向着智能化的方向发展。

参 考 文 献

崔巍,方宪法,赵亮,等,2013. 齿轮-五杆取苗装置机构优化与试验验证[J]. 农业机械学报,44(8):74-77.

崔志军,贾江鸣,鲁玉军,等,2019. 一种刚性与柔性联合驱动的农产品采摘机械手设计[J]. 机械工程师,(1):57-59,63.

房开拓,2012. 智能型果树仿形施药系统研究[D]. 无锡:江南大学:9-47.

冯青春,郑文刚,姜凯,等,2012. 高架栽培草莓采摘机器人系统设计[J]. 农机化研究,34(7):122-126.

傅隆生,张发年,槐岛芳德,等,2015. 猕猴桃采摘机器人末端执行器设计与试验[J]. 农业机械学报,46(3):1-8.

高捷,马亚朋,胡斌,等,2016. 基于射流冲击的穴盘立式取苗器取苗过程的分析研究[J]. 农机化研究,38(3):47-50,54.

宫成宇,赵匀,冯江,等,2013. 基于 ADAMS 玉米移栽机顶出机构的设计与仿真[J]. 农机化研究,35(6):127-130.

韩绿化,毛罕平,严蕾,等,2015. 穴盘育苗移栽机两指四针钳夹式取苗末端执行器[J]. 农业机械学报,46(7):23-30.

韩绿化,毛罕平,赵慧敏,等,2019. 蔬菜穴盘育苗底部气吹式钵体松脱装置设计[J]. 农业工程学报,35(4):37-45.

何亚凯,2018. 蔬菜穴盘苗高速栽植自动取苗系统设计与研究[D]. 北京:中国农业机械化科学研究院.

金鑫,杜新武,杨传华,等,2016. 蔬菜移栽穴盘苗自动输送装置设计与试验[J]. 农业机械学报,47(7):103-111.

李娜,王家忠,张建宝,等,2015. 一种刚柔混联欠驱动草莓采摘机械手设计[J]. 河北农业大学学报,38(1):118-121.

林德颖,2020. 瓜果自动施药机器人系统的研究与设计[J]. 农业技术与装备,(9):125-127.

刘凡,杨光友,杨康,2019. 农业采摘机器人柔性机械手研究[J]. 中国农机化学报,40(3):173-178.

刘静,林冲,郭世财,等,2019. 柑橘类水果采摘机器的设计与研究[J]. 包装工程,40(17):56-62.

刘路,2016. 大田环境下智能移动喷药机器人系统研究[D]. 合肥:中国科学技术大学.

卢伟,王鹏,王玲,等,2020. 褐菇无损采摘柔性手爪设计与试验[J]. 农业机械学报,51(11): 28-36.

南玉龙,张慧春,徐幼林,等,2018. 农林仿形对靶喷雾及其控制技术研究进展[J]. 世界林业研究,31(4):54-58.

童以,张华,钟金鹏,等,2023. 番茄采摘柔性末端执行器设计[J]. 黑龙江工业学院学报(综合版),23(10):141-149.

王蒙蒙,宋建农,刘彩玲,等,2015. 蔬菜移栽机曲柄摆杆式夹苗机构的设计与试验[J]. 农业工程学报,31(14):49-57.

王宜磊,陈霖,易柳舟,等,2018. 猕猴桃采摘机械手末端执行机构的设计[J]. 食品与机械, 34(1):89-91,148.

王毅,许洪斌,张茂,等,2018. 仿蛇嘴咬合式柑橘采摘末端执行器设计与实验[J]. 农业机械学报,9(10):54-64.

吴硕,王荣锴,刘继展. 一种温室草莓冠层内圆周风送施药机器人及其实现方法: CN111436414B[P]. 2021-11-23.

徐丽明,刘旭东,张凯良,等,2018. 脐橙采摘机器人末端执行器设计与试验[J]. 农业工程学报,34(12):53-61.

徐幼林,郑加强,随学仕. 用于喷杆喷雾机的喷杆变换装置:CN102696569A[P]. 2012-10-03.

徐玉娟,吴明亮,向伟,等,2016. 油菜钵苗移栽机取送苗系统设计与试验[J]. 中国农学通报,32(16):185-192.

尹大庆,2014. 玉米钵苗移栽有序顶出式分秧机构的机理与试验研究[D]. 大庆:黑龙江八一农垦大学.

俞高红,陈志威,赵匀,等,2012. 椭圆—不完全非圆齿轮行星系蔬菜钵苗取苗机构的研究[J]. 机械工程学报,48(13):32-39.

遇宝俊,2014. 多关节树木仿形喷雾机及其关键部件研究[D]. 南京:南京林业大学.

袁挺,王栋,文永双,等,2019. 蔬菜移栽机气吹振动复合式取苗机构设计与试验[J]. 农业机械学报,50(10):80-87.

张建瓴,陈树军,可欣荣,等,2006. 仿形喷雾装置的设计及分析[J]. 现代制造工程,(1): 120-122.

张俊雄,曹峥勇,耿长兴,等,2009. 温室精准对靶喷雾机器人研制[J]. 农业工程学报,25(增刊2):70-73.

张疼,2016. 三位一体多功能喷雾机研制与试验研究[D]. 泰安:山东农业大学.

张燕军,杨天,徐勇,等,2022. 温室履带式智能施药机器人设计与试验[J]. 农机化研究,44 (8):97-104.

郑加强,徐幼林,2021. 环境友好型农药喷施机械研究进展与展望[J]. 农业机械学报,52 (3):1-16.

Birglen L, Gosselin C M, 2006. Geometric design of three-phalanx underactuated fingers [J]. Journal of Mechani Design,128(2):356-364.

Brown J，Sukkarieh S，2021. Design and evaluation of a modular robotic plum harvesting system utilizing soft components[J]. Journal of Field Robotics，38(2)：289-306.

Chen Y，Guo S，Li C，et al，2018. Size recognition and adaptive grasping using an integration of actuating and sensing soft pneumatic gripper [J]. Robotics and Autonomous Systems，104：14-24.

De Preter A，Anthonis J，De Baerdemaeker J，2018. Development of a Robot for Harvesting Strawberries[J/OL]. IFAC-Papers OnLine，51(17)：14-19.

Dimeas F，Sako D V，Moulianitis V C，et al，2015. Design and fuzzy control of a robotic gripper for efficient strawberry harvesting[J]. Robotica，33(5)：1085-1098.

Du X，Yang X，Ji J，et al，2019. Design and Test of a Pineapple Picking End-effector [J]. Applied Engineering in Agriculture，35(6)：1045-1055.

Font D，Pallejà T，Tresanchez M，et al，2014. A Proposal for Automatic Fruit Harvesting by Combining a Low Cost Stereovision Camera and a Robotic Arm[J]. Sensors，14(7)：11557-11579.

Hayashi S，Shigematsu K，Yamamoto S，et al，2010. Evaluation of a strawberry-harvesting robot in a field test[J]. Biosystems Engineering，105(2)：160-171.

Hejazipoor H，Massah J，Soryani M，et al，2021. An intelligent spraying robot based on plant bulk volume[J]. Computers and Electronics in Agriculture，180(3)：105859.

Hemming J，Van Tuijl B A J，Gauchel W，et al，2016. Field test of different end-effectors for robotic harvesting of sweet-pepper[J]. Acta Horticulturae，(1130)：567-574.

Li Y，Yuan J，Liu X，et al，2019. Spraying strategy optimization with genetic algorithm for autonomous air-assisted sprayer in Chinese heliogreenhouses [J]. Computers and Electronics in Agriculture，156：84-95.

Mu L，Cui G，Liu Y，et al，2020. Design and simulation of an integrated end-effector for picking kiwifruit by robot[J]. Information Processing in Agriculture，7(1)：58-71.

Park Y L，Chen B R，Wood R J，2012. Design and fabrication of soft artificial skin using embedded microchannels and liquid conductors [J]. IEEE Sensors journal，12（8）：2711-2718.

Roshanianfard A，Noguchi N，2020. Pumpkin harvesting robotic end-effector [J]. Computers and Electronics in Agriculture，174：105503.

Sammons P J，Furukawa T，Bulgin A，2005. Autonomous pesticide spraying robot for use in a greenhouse[C]//Australian Conference on Robotics and Automation. Canberra，Australia：Commonwealth Scientific and Industrial Research Organisation.

Wang Z，Or K，Hirai S，2020. A dual-mode soft gripper for food packaging[J]. Robotics and Autonomous Systems，125：103427.

Xiong Y，Ge Y，Grimstad L，et al，2020. An autonomous strawberry-harvesting robot：Design，development，integration，and field evaluation[J]. Journal of Field Robotics，37(2)：202-224.

Xiong Y，Peng C，Grimstad L，et al，2019. Development and field evaluation of a strawberry harvesting robot with a cable-driven gripper[J]. Computers and Electronics in Agriculture，157：392-402.

Yamane S，Miyazaki M，2017. Study on electrostatic pesticide spraying system for low-concentration，high-volume applications[J]. Japan Agricultural Research Quarterly，51 (1)：11-16.

You K，Burks T F，2016. Development of A Robotic Fruit Picking End Effector and An Adaptable Controller[C/OL]. 2016 ASABE International Meeting. American Society of Agricultural and Biological Engineers：1-14.

Zhang T，Huang Z，You W，et al，2019. An Autonomous Fruit and Vegetable Harvester with a Low-Cost Gripper Using a 3D Sensor[J]. Sensors，20(1)：93.

第六章 设施农业机器人应用场景

近年来设施农业发展迅速,智能农业生产机器人在农业生产中的作用也变得也来越重要,对适用于智能农业生产机器人的设施农业应用场景的需求也日益增长。智能农业生产机器人涉及农业、机械、电子、计算机等学科领域,对应用场景有着极高的要求,所以应用场景搭建时要考虑到对智能农业生产机器人所涉及的相关技术和功能进行测试和验证。

第一节 设施农业场景搭建

设施农业大棚是设施农业的基础和主要形式之一。通过温室大棚可以隔绝外部环境因素,大棚内部环境可以人为改变,为农作物创造适合的生长环境,满足其生长需求,避免农产品受到外界环境以及恶劣气候的影响,从而生产出更多农产品,尤其是在错季供应蔬菜方面,温室大棚功不可没。设施农业温室大棚可为相关设备的安装提供支撑,不仅可以促进设施农业实现智能化与标准化,还能促进节能减排工作的有序推进,符合现代社会发展过程中的低碳发展理念,为低碳绿色农业发展提供很大帮助。目前,设施农业中的温室大棚建设技术越来越成熟,温室大棚的种类也越来越多,大棚材质更丰富,为农业生产发展提供了更多支持与帮助。

不同地区、不同作物、不同机器等因素,需要根据需求选择不同结构的大棚。目前常见的设施农业大棚根据建筑形式、覆膜原料以及用途等进行分类,主要有四种形式,分别是单栋温室、连栋温室、塑料大棚、塑料中小拱棚等。单栋温室和连栋温室的造价成本比较高,在个体农户中的应用不多,但是这两种设施的保温性很好,可为农作物提供更有利的生长发育环境。相反,塑料大棚和塑料中小拱棚的保温性相对较差,但是造价成本较低,在农业生产中的应用更为广泛。据统计,塑料大棚的应用比重大约为 63%。设施温室大棚的覆膜材料主要有两种,一种是薄膜设施温室大棚,一种是 PC 阳光板大棚,前者的造价更低,实用性更广泛,PC 阳光板材质整体比较薄、透光性好,抗冲击性以及抗燃性能都比较优秀,但是造价相对较高,在农业生产中的应用反而不太广泛。

一、装配式管架温室大棚

温室的设计坚持"科学、适用、耐久、经济"的原则,做到既能满足农业生产的要求,又不设计过剩的功能,合理解决功能配置与建设成本的关系。

(一)大棚性能参数及主要组成

温室设计适用于不同气候条件下的种植、养殖等农业生产活动,同时也要考虑温室内景观布置、设备安装等非农业生产活动的需要,如图 6-1 所示为安徽科技学院智能作物生产机器人研究基地的装配式管架温室大棚,其技术参数如表 6-1 所示。

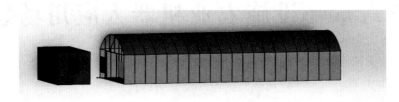

图 6-1　装配式管架温室大棚

表 6-1　装配式管架温室大棚基本参数

参数	跨度(棚宽)/m	顶高/m	棚长/m	面积/m²	抗雪载/(kN/m²)	抗风载/(kN/m²)
数值	7	3.45	20	140	0.35	0.4

大棚主要由温室土建、温室屋架、温室覆盖、温室通风、内置二道膜、内置三道膜等六大部分组成。其中,温室屋架是拱棚的主要承重结构,由热镀锌钢管和相关连接件组成。覆盖材料采用透明度高、防老化、防流滴、防雾的塑料薄膜。通风系统由防风带、卷膜器、防虫网等组成,可有效调节温室内温度和湿度,同时防止害虫进入。内置二道膜和三道膜则用于进一步保温和防止水分蒸发,提高温室内环境稳定性。

(二)拱棚主体结构及系统配置

1. 基础

拱棚基础采用点式独立基础,这种基础形式具有施工简单、受力明确、荷载传递路径短等优点。独立基础之间的距离及深度根据地质条件和上部荷载的大小确定,距离一般为1.5～2.5 m,深度一般为 0.6～1.2 m。基础的混凝土强度等级为 C20 以上,并按照规范要求设置钢筋。在基础上方,设置一根直径不小于 16 mm 的镀锌钢丝绳作为保险钢丝,以防止屋架在极端天气下发生倾覆事故。

2. 骨架

骨架包括弓架、纵向拉杆、前后端墙等。

弓架采用 1 寸镀锌钢管制作,弓距为 1.4 m。弓架的弧形采用机械一次滚压成型,既保证了弧形的平顺性又增加了管材的强度。弓架的连接件采用专用卡具进行连接,使整个大棚的屋架系统更加牢固可靠。同时,考虑到美观性和持久性,弓架表面进行了热镀锌处理。

纵向拉杆采用 3 道 6 分镀锌钢管制作,内镶无缝钢管套管,机械压型连接。拉杆的作用是增加屋架的整体稳定性,同时将上部荷载传递到各个弓架上。拉杆的布置按照设计要求进行,拉杆之间的间距根据弓架的间距确定,一般为 1.0～1.5 m。

前后端墙均采用镀锌钢方管制作。方管之间通过专用连接件进行连接,形成牢固的支撑体系。前后端墙的设计要考虑抗风载和抗雪载的能力,同时兼顾美观性和使用性。端墙的高度和宽度根据设计要求确定,一般高度为 2.0～2.5 m,宽度为 0.5～1.0 m。为了增加端墙的稳定性,端墙内部设置斜支撑和水平支撑。端墙表面进行热镀锌处理,既增加美观性,又增加耐久性。

3. 覆盖材料及通风设施

棚面采用整块 $\delta = 0.1$ mm"三防"(防老化、防流滴、防雾)薄膜覆盖,无接头,可防漏风、漏雨,防灰尘堆积,薄膜透光率≥80%。棚面两侧各设 2 道压膜槽/卡簧,两端面弓顶各设一道压膜槽/卡簧固定薄膜,棚面每个弓距之间设一道尼龙芯扁型压膜线,拉力为 80 kg。前后端墙也均采用 $\delta = 0.1$ mm"三防"(防老化、防流滴、防雾)薄膜覆盖,压膜槽/卡簧固定。为了保证覆盖材料的平整性和密实性,覆盖材料在安装前进行了预拉伸处理,使薄膜具有一定的张力。同时,为了防止薄膜老化损坏,每隔 3～5 m 设置一道压膜线进行固定。

二、Venlo 式温室

Venlo 式智能玻璃温室是以钢架为支撑结构,以塑料、玻璃等为覆盖物,四连栋以上采用计算机集散网络控制结构对温室内的空气温度、基质温度、相对湿度、CO_2 浓度、基质水分、光照强度、水流量以及 pH、EC 等参数进行实时自动调节、检测,创造植物生长发育的最佳环境以满足温室作物生长发育需求的大型保护设施,如图 6-2 所示。Venlo 式温室的最大特点就在于其透光率高,因屋面在 26.5° 时阳光入射最多,再加上其缩小温室屋面构件尺寸,采用小截面铝合金型材,大大减少了承重构件的遮光性,同时它的钢材用量小也是其一大特点,温室总体用钢量小于 5 kg/m³。

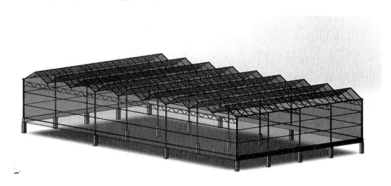

图 6-2　Venlo 式温室

Venlo 式温室降温主要依靠温室屋面开窗,利用自然通风降温,让热空气从顶部散出,它以每个小屋面的屋脊为界线,左右交错式对开天窗,通过齿轮齿条整体传动控制,每个天窗的长度为 1.5 m,宽为 0.8 m,通风窗比为 18.75%(即屋面开窗面积与地面面积的比率)。当覆盖材料选用 PC 中空板时,为了增加温室通风窗比,屋面采用通长天窗,宽度为 1.0～1.2 m,这样通风窗比可超 37%。

第二节　设施农业环境传感器应用

传感器是能感受被测量的信息,并能将感受到的信息,按一定规律变换成为电信号或其他所需形式的信息输出,以满足信息的传输、处理、存储、显示、记录和控制等要求的检测装置。

在设施农业生产机器人应用场景搭建过程中,传感器是不可或缺的一部分,传感器将检测到的环境参数转化成电信号,由计算机处理后,显示为人们可以看懂的信息,从而可以对设施农业大棚各种环境因素进行调节。设施农业大棚的监测因素主要有空气温度、光照强度、空气湿度、二氧化碳浓度、土壤湿度和温度、土壤酸碱度以及电导率等因素。

一、土壤综合传感器

土壤综合传感器是一种多用型传感器,可以同时监测土壤中的多项因素,包括湿度、温度和酸碱度等信息,如图 6-3 所示。

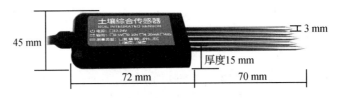

图 6-3　土壤综合传感器

土壤综合传感器是集土壤水分和土壤温度传感器于一体,具有携带方便、密封、高精度等优点,是土壤墒情、土壤温度测量的理想选择。该传感器是根据土壤水分检测基于频域反射的原理,利用高频电子技术制造的高精度、高灵敏度的。通过测量土壤的介电常数,能直接稳定地反映各种土壤的真实水分含量(容积含水率),这也是目前最流行的土壤水分测量方法。

土壤综合传感器主要适用于节水农业灌溉、气象监测、环境监测、温室大棚、花卉蔬菜、草地牧场、土壤速测、植物培养、科学试验等需要测量土壤温湿度的领域,智能作物生产机器人研究基地配套的土壤综合传感器相关技术参数如表 6-2 所示。

表 6-2　土壤综合传感器相关技术参数

参数	数值	参数	数值
供电电源	12-24VDC	电导率测量范围/(μS/cm)	0~10 000
输出信号	RS485/4G/NB-loT/LoRa	电导率分辨率/(μS/cm)	10
安装方式	全探针全部插入被测介质	pH 测量范围	3~9
防护等级	IP68	pH 测量精度	±0.3
响应时间/s	<1	氮磷钾测量范围/(mg/kg)	0~1 999
水分测量范围	0~100%	氮磷钾测量精度/(F·S)	±2%
		存储环境/℃	-20~60

土壤综合传感器在安装时应注意以下几方面的要求。

（1）安装位置　在农业大棚中，土壤综合传感器的安装位置应选择大棚内土壤环境具有代表性的位置，并且应当注意避免遮挡和干扰。一般建议选择在温室大棚的土壤耕作层上方或靠近土壤表面的位置，以监测大棚内的土壤温度、湿度、电导率等参数。

（2）深度要求　土壤综合传感器需要插入土壤中一定深度，以接触土壤样本并测量其参数。根据不同的传感器类型和测量要求，深度要求可能会有所不同。一般建议将传感器插入土壤耕作层下方 10～20 cm 的位置，以确保测量结果的准确性和代表性。

（3）避免干扰　在安装位置附近应避免放置其他电器或产生干扰的物品，以免影响传感器的测量精度。同时，应避免安装在有明显震动或电磁干扰的地方，如发动机或电源等附近。

（4）防水防尘　在安装过程中，应注意防水防尘，避免环境因素对传感器的影响。传感器外壳应采用防水材料，并能够防止灰尘进入内部。

（5）固定方式　可以使用支架或螺丝等方式将传感器固定到大棚的钢架或墙壁上，保持稳定和不易移动。同时，应确保传感器的线路安全，避免线路松动或被压迫。

（6）线路连接　土壤综合传感器需要连接电源和信号线，应确保线路的安全性和稳定性。电源线应选择合适的长度和规格，以适应大棚内的电源条件，并防止线路过热或电压波动对传感器的影响。信号线应选用具有抗干扰能力的线材，以避免大棚内电磁干扰对传感器数据传输的影响。

（7）数据传输与显示　土壤综合传感器需要与控制柜或数据采集器连接，并能够将监测数据实时传输到计算机或云平台进行显示和分析。因此，在安装过程中，应确保传感器的通信接口与控制柜或数据采集器相匹配，并能够正确连接和配置网络参数。

（8）安全措施　在安装土壤综合传感器时，应注意安全措施。首先，应确保电源线和信号线的接口和连接正确、牢固，以防止出现电击等安全事故。其次，在安装过程中，应注意避免对大棚内其他设备或线路造成损坏或干扰，以免造成不必要的损失和危险。

农业大棚中安装土壤综合传感器时，需要根据实际应用需求和环境条件做出合适的选择和调整，以确保传感器能够准确监测大棚内的土壤环境条件，并为其管理和控制提供有效的数据支持。

二、空气环境传感器

空气环境传感器在设施农业场景中扮演着重要的角色，主要用于监测和测量环境参数。空气环境传感器是指能够感知和测量周围环境条件的设备，它们通常采用各种物理、化学和生物传感原理，检测和测量如温度、湿度、光照、空气质量等多种环境参数。这些传感器可以将环境中的物理量转换为电信号，进而进行数字化处理和分析。

在农业和园艺领域中，使用传感器来监测空气湿度、光照强度、气温和风速等参数，以实现精确灌溉和环境控制。例如，使用土壤湿度传感器来监测空气湿度，并根据数据自动控制灌溉系统，以实现节水和增加作物产量的目的。

空气环境传感器主要包括气温传感器、湿度传感器、CO_2 传感器和光照强度传感器等，在实际使用过程中，通常将多种传感器集成在一起，同时监测多个环境因素，减少数据传输

图 6-4 空气环境传感器

线缆的使用,降低使用成本,如图 6-4 所示。

在设施农业大棚中,空气环境传感器的安装位置应选择在能够代表大棚内环境条件、避免遮挡和干扰的位置。一般建议选择在温室大棚的内部中央或靠近通风口的位置,以监测大棚内的整体环境条件。空气环境传感器在安装时应注意以下几点。

(1)高度要求 空气环境传感器应安装在距离地面 2 m 以上的位置,避免地面灰尘和异味对传感器的影响,同时保持与作物高度的合适距离,以便更好地监测作物的生长环境。

(2)避免干扰 在安装位置附近应避免放置其他电器或产生干扰的物品,以免影响传感器的测量精度。同时,应避免安装在有明显震动或电磁干扰的地方,如发动机或电源等附近。

(3)防水防尘 在安装过程中,应注意防水防尘,避免环境因素对传感器的影响。传感器外壳应采用防水材料,并能够防止灰尘进入内部。

(4)固定方式 可以使用支架或螺丝等方式将传感器固定到大棚的钢架或墙壁上,保持稳定,使其不易移动。同时,应确保传感器的线路安全,避免线路松动或被压迫。

(5)线路连接 空气环境传感器需要连接电源和信号线,应确保线路的安全和稳定性。电源线应选择合适的长度和规格,以适应大棚内的电源条件,并防止线路过热或电压波动对传感器的影响。信号线应选用具有抗干扰能力的线材,以避免大棚内电磁干扰对传感器数据传输的影响。

(6)数据传输与显示 空气环境传感器需要与控制柜或数据采集器连接,并能够将监测数据实时传输到计算机或云平台进行显示和分析。因此,在安装过程中,应确保传感器的通信接口与控制柜或数据采集器相匹配,并能够正确连接和配置网络参数。

(7)安全措施 在安装空气环境传感器时,应注意采取安全措施。首先,应确保电源线和信号线的接口和连接正确、牢固,以防止出现电击等安全事故。其次,在安装过程中,应注意避免对大棚内其他设备或线路造成损坏或干扰,以免造成不必要的损失和危险。

总之,在农业大棚中安装空气环境传感器时,需要根据实际应用需求和环境条件做出合适的选择和调整,以确保传感器能够准确监测大棚内的空气环境条件,并为其管理和控制提供有效的数据支持。

三、其他传感器

在智能生产机器人应用场景搭建的过程中,除了要对设施农业大棚内的土壤和空气进行实时监测,还需要对其他的一些因素进行监测,比如室外温度、风速风向等因素。同时控制系统还需要接入网络,从网络上获取当地天气信息,为可能到来的恶劣天气提供预警。

在设施农业中,通风系统的运行状况对农作物的生长和发育有着至关重要的影响。风速风向传感器可以实时监测风速和风向,帮助农民及时调整通风口的位置和大小,以实现最佳的通风效果。风速风向传感器可以与其他环境监测设备一起,实时监测设施农业中的温度、湿度、光照等环境参数,帮助农民及时发现环境问题,并采取相应的调控措施,为农作物提供最佳的生长环境,如图 6-5 所示。风速风向传感器可以监测风速和风向的变化,配合天气预报信息,及时发现可能出现的灾害性天气,如大风、冰雹、暴雨等,帮助农民提前采取预防措施,减少灾害对农作物的影响,如图 6-6 所示。风速风向传感器提供的数据可以帮助农民制定更加科学合理的种植计划和栽培管理方案。

图 6-5　风速风向传感器(一)　　　　图 6-6　风速风向传感器(二)

风速风向传感器在设施农业中的应用可以帮助农民实现更加精细化的管理,提高农作物的产量和质量,同时也有助于推动设施农业的可持续发展。

第三节　环境调节装置

环境控制系统为农作物提供稳定和优化的生长环境,是环境调控系统(以下简称环控系统)的核心功能。通过实时监测和调节温度、湿度、光照和 CO_2 浓度等关键参数,确保农作物生长所需的环境条件,如图 6-7 所示为温室的卷帘系统,与温室内的温度、湿度、CO_2 浓度等环境调节装置搭配使用,有助于提高植物的生长速度和品质,同时减少由于环境波动引起的不均匀生长或受到环境胁迫的情况。

图 6-7　卷帘系统

通过精确控制环境参数,可以创造出最适宜作物生长的条件。通过控制适宜的温度、湿度和充足的光照,可以促进植物的光合作用和生长。这些因素对于作物的生长至关重要,而环控系统可以帮助农户优化这些因素,从而实现增加作物产量和改善农产品品质的目的。

除了对农作物的生长有直接的影响外,环控系统还具有环保节能的特点。精确的灌溉、通风和降温等操作可以提高效率,节约成本。通过精细化的水分管理,可以避免过度灌溉或水分不足的问题,从而减少水资源的浪费。此外,系统的自动化控制和能源利用优化可以降低电力消耗和相关成本,实现农业可持续发展。

提高生产管理效率,环控系统提供了实时监控、报警和远程控制功能。这些功能使得农户可以轻松监控和管理大棚内的环境,及时发现并解决环境问题。例如,当出现病虫害、温度过高或湿度异常等情况时,环控系统会立即触发报警,提醒农户采取相应的措施,从而最大限度地减少作物损失。此外,自动化操作和数据分析功能也可以提高生产管理的效率,减轻人工操作和管理的负担。

一、湿度调节装置

在设施农业大棚中,湿度调节装置的作用至关重要。由于作物生长与土壤和空气的湿度状况密切相关,因此需要时刻关注并维持适宜的湿度水平。为了满足这一需求,一种高度集成的湿度调节装置成为现代设施农业中的核心设备。

湿度调节装置的核心是铺设在棚内的水管、电磁阀和水泵。当土壤中的含水量低于预设的警戒值时,安装在蓄水池底部的压力泵(图 6-8)便会自动启动,开始从蓄水池中抽取水分。这些水泵动力强大,可以将水从蓄水池中泵出,并通过电磁阀进行流量控制。电磁阀根据实际需要开启或关闭水路,从而精确地控制水的流量。然后,泵送的水会进入滴灌带(图 6-9),这是一种特殊的灌溉工具,它由柔软的塑料材料制成,并具有许多小孔。当水通过这些小孔时,会以点滴的方式慢慢渗透到作物附近的土壤中。这种灌溉方式不仅提高了水的利用率,确保水能够充分被作物吸收,而且还避免了水分的浪费。

图 6-8　压力泵　　　　　　　　　图 6-9　滴灌带

除了灌溉土壤外,喷淋设备也起到了增加空气湿度的关键作用。喷淋设备安装在设施农业大棚的顶部和四周。当设备启动时,喷头会将水细化成微小的水雾,并均匀地分布在整个大棚内。这样的喷洒方式不仅增加了空气的湿度,还为作物提供了充足的水分,有助于维持其正常的生长和发育。为了确保喷淋设备的正常运行,通常会将其与传感器结合使用。这些传感器可以监测大棚内的湿度,并在湿度不足时自动启动喷淋设备,以确保作物始终处于适宜的湿度环境中。

水帘是湿度调节装置中的另一个重要组成部分,水帘由特殊的材料制成,具有吸水性和释放性。当大棚内湿度过高时,水帘会吸收多余的水分,将其贮存起来;当湿度过低时,水帘又会将贮存的水分释放出来,增加大棚内的湿度,如图 6-10 所示。这种平衡湿度的能力使得水帘在湿度调节装置中起到关键作用。喷淋设备和水帘的协同作用对设施农业大棚内的湿度进行有效调节。喷淋设备通过喷洒水雾增加空气湿度,为作物提供充足的水分,而水帘则通过吸收和释放水分来平衡大棚内的湿度。这种配合使得湿度调节装置更加高效,为作物的生长提供了适宜的环境。

图 6-10　水帘

湿度调节装置不仅可以实时监控土壤的湿度,还可以通过精准的灌溉保证作物得到适量的水分。同时,这种装置还具有高度的适应性和灵活性,可以满足不同作物和环境条件下的湿度需求。它的出现为设施农业的发展提供了强有力的支持,有助于提高农业生产的效率和质量。

二、温度调节装置

在设施农业中,温度调节系统的重要性无法忽视。农作物的生长与温度之间存在着密切的关系,适宜的温度对于作物的正常生长和发育至关重要。如果温度不适宜,轻则会影响作物的生长速度和品质,重则可能导致作物枯萎甚至死亡。

为了维持适宜的温度,设施农业中采用多种温度调节装置精确控制温室内的温度。这些装置主要包括排气扇、卷帘、暖风机和通风扇等。在温度调节系统中发挥着不同的作用,根据需要可以组合使用或单独使用这些温度调节装备,图 6-11 为设施农业中常用的暖风扇。

图 6-11　暖风扇

当温室内的温度需要小幅度降低时,通过升起卷帘,依靠空气的自然流通,可以达到降温的目的。卷帘的升起可以增加空气流通,使温室内外的空气交换更加频繁,从而降低温室内的温度。这种操作方式非常简单有效,而且不需要使用过多的机械设备,因此能够节约能源并降低成本。

当需要提高温室内的温度时,将卷帘放下并开启暖风机。暖风机可以加热室内空气,使温室内的温度升高。通风扇则进一步促进了室内空气的循环,使温室内每个区域都能保持适宜的温度。这种组合方式可以有效地保持温室内的温度稳定,满足作物在温暖环境下的生长需求。

当需要大幅度降低温室温度时,生产上会采取更为全面的措施。首先,将卷帘降下以阻挡室外空气进入室内。然后开启水帘和排气扇,通过水分的蒸发和空气的排出,迅速降低室内温度。这种降温方式效果显著,可以在短时间内将室内温度降至适宜的水平。

除了以上提到的温度调节装置外,设施农业中还有其他一些辅助设备来帮助精确控制温度。例如,加热器可用来在寒冷天气中为温室提供额外的热量。遮阳网可以遮挡阳光,以防止室内温度过高。通风口可以根据需要开启或关闭,以控制室内外的空气流通。

温度调节装置在设施农业中扮演着至关重要的角色。通过各种设备的应用和操作,实现了对温室温度的精确控制。这种系统不仅提高了农作物的产量和质量,还适应了不同作物的温度需求。对于设施农业的发展,温度调节系统无疑是一个重要的支撑因素。同时,农业科技的不断进步也将为设施农业中的温度调节系统带来更多的创新和发展机遇。

三、光照调节装置

光照调节装置在设施农业中扮演着至关重要的角色,为作物提供适宜的光照强度和时间。适宜的光照条件不仅可以促进植物的生长、开花和坐果,提高农作物的产量和品质,还可以增强作物的抗病性和适应性。

光照调节主要依靠顶部遮阳网和全光谱补光灯两种设备。顶部遮阳网可以有效地阻挡过多的阳光进入温室,避免室内温度过高,同时可以调节光照强度,以满足不同生长阶段作物的需求。这种遮阳网通常由耐用的材料制成,可以有效地阻挡紫外线和热量,同时允许适量的可见光进入温室,如图 6-12 所示。

全光谱补光灯则可以在光照不足的情况下,为作物提供充足的光照。这种补光灯可以模拟自然光的光谱,为作物提供全光谱的光照环境,促进作物的光合作用和养分吸收。全光谱补光灯的使用可以根据作物的需求和生长阶段进行调节,以满足其对光照时间和强度的需求,如图 6-13 所示。

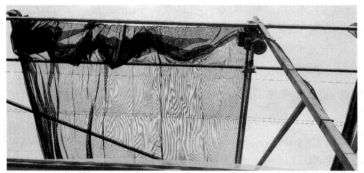

图 6-12　顶部遮阳网

图 6-13　全光谱补光灯

为了实现光照的自动调节,在设施农业中采用了室内光照强度传感器。这种传感器可以实时监测室内的光照强度,并将数据回传给控制中心。控制中心根据回传的数据,自动调节顶部遮阳网和全光谱补光灯的开启和关闭,以保持室内光照强度的适宜性。这种自动调节系统不仅可以提高农作物的产量和品质,还可以提高能源利用效率和管理效率。

除了以上提到的设备外,还有一些辅助设备也可以帮助温室精确控制光照环境。例如,光周期控制器可以控制光照时间和强度,以满足作物在不同生长阶段的需求;光质调节器可以调节不同波段的光质比例,以满足不同作物对光质的需求;光角度调节器则可以调节灯具的角度和高度,以保证光照的均匀性和效果。

总之,光照调节装置在设施农业中发挥着重要的作用。通过合理使用顶部遮阳网、全光谱补光灯等设备,并采用自动调节技术,可以为作物提供适宜的光照强度和时间,促进农作物的生长、开花和坐果。同时,这种自动调节系统还可以提高能源利用效率和管理效率,为设施农业的可持续发展提供有力的支持。

四、其他装置

设施农业大棚中除了各种环境调节装置,如温度调节装置、光照调节装置等,还有一些其他重要的装置。这些装置在维护大棚内部环境、提高农业生产效率等方面扮演着不可或缺的角色。

防虫网是一种重要的装置,它被布置在大棚的两侧,通过卡簧固定在大棚的钢架上。防虫网的主要功能是防止外部昆虫进入大棚,从而避免昆虫对作物造成不必要的损害。当卷帘打开时,防虫网可以有效地隔绝外部昆虫,确保大棚内部环境的清洁和安全。这不仅能够减少农作物病虫害的发生,提高农作物的品质和产量,同时也能够降低农药的使用量和生产成本。

监控相机是另一个重要的装置,通常被安装在较高的位置,视野开阔,可以拍摄更大的范围。监控相机不仅可以实时监测大棚内部的环境状况,如温度、湿度、光照等,还可以远程查看大棚内外的状况,如作物的生长情况、病虫害发生情况等。这使得管理人员可以及时发现和处理问题,提高农业生产的效率和质量。同时,通过接入网络,监控相机的影像可以实时传输到电脑或手机上,使得管理人员可以随时随地掌握大棚的最新情况,方便远程管理和控制。

除了防虫网和监控相机,设施农业大棚中还有其他一些重要的装置,如自动喷水装置、二氧化碳施肥装置等。自动喷水装置可以根据大棚内的温度和湿度情况,自动喷水降温、加湿,保持适宜的湿度和温度环境,有利于作物的生长和发育。二氧化碳施肥装置则可以向大棚内补充二氧化碳气体,促进作物的光合作用和养分吸收,提高作物的产量和品质。

以上这些装置的应用不仅提高了农业生产的效率和质量,还使得设施农业的发展更加智能化和高效化。随着科技的不断进步和发展,未来的设施农业将会引入更多的新技术,如人工智能、物联网等,实现更加智能化和自动化的管理,为农业生产带来更多的机遇和挑战。同时,随着环保意识的不断提高,设施农业也将更加注重环保和可持续发展,采用环保的材料和技术,减少对环境的影响和污染。

第四节　智慧温室控制系统

一、Windows 系统控制端

安徽科技学院智能作物生产机器人研究基地配套的控制系统基于 Windows 系统进行开发,使用 Visual Studio C++语言编写。它是一个功能强大、高度集成的系统,旨在为大棚种植提供先进的解决方案。

通过安装在大棚内的传感器,该系统可以实时监测空气温湿度、二氧化碳浓度和光照强度等环境数据。这些数据可以通过定点或移动随机采集的方式获取,确保了温室环境的全面覆盖和精确控制。

一旦采集到数据,该系统将自动分析并处理这些数据。根据预设的参数范围,系统可以自动调节温室内的执行设备,如通风设备、遮阳设备、灌溉设备等。这样可以使温室内的各项环境指标保持在一个理想的水平,为农作物提供最佳的生长环境,如图 6-14 所示为安徽科技学院开发的智慧温室系统监控界面。

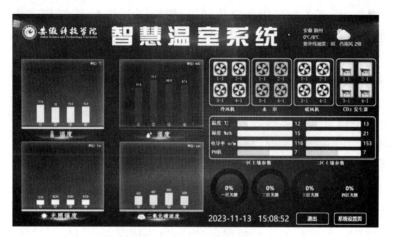

图 6-14　智慧温室系统监控界面

基于云端的控制系统还具有多种优势。它提供了数据存储和备份的功能,确保了数据的安全性和完整性,即使在断电或系统故障的情况下,数据也不会丢失或损坏。通过手机 App 或电脑端都可以随时查看和控制温室环境,极大地提高了管理效率,如图 6-15 所示。用户可以在任何时间、任何地点对温室进行监管和控制,确保农作物始终处于最佳的生长环境中。该系统还支持多用户同时在线,可以满足多个用户同时监控和管理多个温室的需求。通过云服务器,用户可以在同一平台上共享数据、交流经验、协作管理,进一步提高温室种植的效率和效益。

该控制系统还集成了智能分析功能,能够对采集到的环境数据进行深度挖掘和分析。根据农作物的生长特性和环境因素的关系,系统可以预测农作物的生长趋势,提供优化建议以改善农作物的生长环境。此外,系统还可以根据历史数据预测未来的天气变化和环境变化趋势,为用户提供更加准确和及时的决策支持。

在用户管理方面,该控制系统提供了灵活的角色和权限管理功能。用户可以根据自己的需求设置不同的角色,如管理员、操作员等,并为每个角色分配不同的权限。这样既能确保系统的安全性,又能满足不同用户的需求。通过角色和权限的精细控制,用户可以更好地协作和管理温室种植的各个环节。

控制系统还具备自动报警功能。如果检测到的环境数据超过预设的安全范围,系统将立即发出警报,并通过手机 App 和电子邮件等方式通知管理者。这样,即使远在异地,用户也能及时了解并处理温室环境的问题。警报功能还包括对执行设备的故障和异常运行情况进行监测和报警,确保了温室环境的稳定和安全。

基于 Windows 系统和 Visual Studio C++语言开发的控制系统为温室种植提供了全

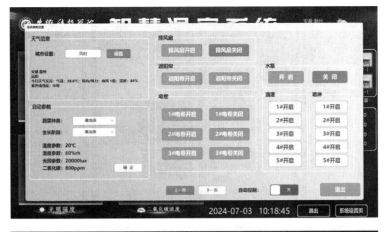

图 6-15　系统控制界面

面而高效的解决方案。通过实时监测、自动控制、数据分析、预警功能、远程操作、角色管理等功能,它极大地提高了农作物的产量和质量,降低了管理成本和人力成本,为温室种植的可持续发展提供了有力的支持。

二、手机远程控制系统

该控制系统提供了手机 App 管理系统,如图 6-16 所示,可以将本地端数据传输到云服务器,实现数据的集中管理和存储。这种基于云端的数据管理方式具有很多优势。

云服务器提供了无限大的存储空间,可以存储大量的历史数据和实时数据。用户可以随时随地查看和分析温室环境数据,包括过去的变化和现在的实时数据。通过分析这些数据,用户可以更好地了解农作物的生长情况和环境变化,以便做出更好的决策。云服务器提供了强大的数据处理能力,可以对采集到的环境数据进行深度挖掘和分析,预测未来的天气变化和环境变化趋势。这些分析结果可以帮助用户更好地了解温室环境的变化规律,为未来的种植提供科学依据。云服务器还提供了灵活的数据共享功能。用户可以将数据共享给其他用户或合作伙伴,以便进行更多的分析和研究。这种共享方式不仅可以提高数据的利用效率,还可以促进信息交流和合作共赢。

除了云服务器的优势外,手机 App 管理系统也提供了很多便利。用户可以随时随地通

图 6-16　手机管理系统界面

过手机查看温室的环境数据、执行设备的运行状态以及报警信息等。这种远程监控方式节省了人力成本，提高了管理效率。用户还可以通过手机 App 远程控制执行设备的开关和运行模式，实现温室环境的精准调控。无论用户身在何处，都可以随时掌握温室的情况并进行相应的操作。

此外，手机 App 管理系统还提供了丰富的数据分析功能。用户可以通过手机 App 查看历史数据、趋势图和报表等，以便更好地了解大棚的生长情况和环境变化。这些数据分析结果可以帮助用户更好地了解农作物生长的规律和特点，为未来的种植提供科学依据。

控制系统搭载手机 App 管理系统和底层上位机，通过云盒将本地端数据传输到云服务器，这种设计方式为用户提供了更加高效、便捷的监控和管理方式。这种基于云端的数据管理方式不仅可以节省人力成本，提高管理效率，还可以提供更多的数据分析功能和便利，为大棚种植的可持续发展提供了有力的支持。

第五节　设施农业机器人作业环境

一、作物种植

智能农业生产机器人应用场景在作物种植时，要充分考虑农业生产机器人的通过性，在两端留有较大的宽度，保证智能农业生产机器人的底盘在转向时不会因为宽度狭窄而无法转向，因此很有必要研制原地转向农业机器人。

考虑到农业生产机器人的通过性，作物种植时垄间距需大于机器人的宽度，这可以避免机器人在行驶过程中遇到宽度不足无法转向的问题。如果垄间距过窄，智能农业生产机器人的底盘可能无法顺利转向，从而影响其正常运行。

合肥中科深谷科技发展有限公司研制的轮式底盘智能农业生产机器人如图 6-17 所示，其尺寸参数如下：长 912 mm，宽 710 mm，轮距 600 mm，轴距 500 mm。这样的设计使其具备了良好的地形适应性，能够在不同地形条件下稳定行驶。其最大爬坡角为 30°，最小离地间隙为 105 mm，该机器人能够在具有一定坡度的地形上行驶，且不会被地面的不平整所阻碍。

　　该智能农业生产机器人采用原地转向设计，最小转弯半径为 578 mm。原地转向的设计使得机器人在有限的空间内能够快速调整方向，提高了其适应不同环境的能力。因此，在番茄的种植过程中，应设置以下种植场景以适应智能农业生产机器人的操作：起垄种植番茄时，垄间距为 1 200 mm，垄底宽 500 mm，垄高 400 mm，垄面宽 200 mm。这样的设计既可以满足番茄生长的需求，又考虑到了农业机器人的实际操作。番茄箱体种植时，选择长宽为 500 mm、高 200 mm 的种植箱。这种设计不仅可以满足番茄的生长需求，还能够与垄摘番茄的方式相互搭配，使智能农业生产机器人可以更加方便地在不同场景下自主导航。

图 6-17　轮式底盘智能农业生产机器人

　　通过以上调整和优化，可以提高智能农业生产机器人在作物种植中的适应性和通过性，从而实现更加高效、精准的农业生产。

二、路面铺装

　　为了满足智能农业生产机器人的行走需求，在种植区域以外的地面上进行铺装时应考虑到机器人需要经常移动和操作，因此对地面的平整度和稳定性有很高的要求。同时，为了方便后续的耕作和其他农业活动，安徽科技学院工程训练中心智慧农业试验基地选择了一种方形聚乙烯塑料板作为铺装材料，如图 6-18 所示。这种塑料板具有很多优点，如耐久性强、稳定性好，能够承受机器人的质量和摩擦，同时也方便进行安装和拆卸。它的方形设计和较大尺寸也能够提供更好的稳定性和平整度。为了能够将多张铺装板拼接在一起，组成更大尺寸的铺装板，该试验基地采用了榫卯结构进行连接，如图 6-19 所示。榫卯结构是一种传统的木工工艺，通过精确的加工和拼接，可以实现板与板之间的紧密连接，同时也可以轻松地进行拆解。这种结构的采用使得铺装板之间的连接更加牢固和稳定，保证了机器人行走的平稳性和安全性。

图 6-18　铺装效果

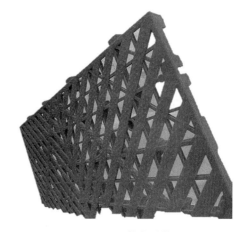

图 6-19　榫卯结构

在铺装过程中,将多张方形聚乙烯塑料板按照需要的尺寸进行拼接,使用榫卯结构进行固定。这样不仅可以实现大面积的铺装,还可以保证铺装板的平整度和稳定性。当需要将铺装板进行拆解或转移时,只需要将榫卯结构进行分解,就可以轻松地将铺装板拆解并重复利用。这种设计大大提高了材料的利用率,减少浪费和对环境的影响,并为后期的耕作提供便利。这种设计充分考虑了实用性和环保性,为智能农业生产机器人的应用提供了更好的支持。

三、其他设置

在智能农业生产机器人应用场景的搭建过程中,要充分考虑设施整体环境对智能农业生产机器人的影响。在设施农业大棚中,各种传感器、水管、线路以及其他设备都需要布置在大棚的各个位置。在前期建设时,管线、设备的安装需要尽量隐藏起来,避免智能农业生产机器人在作业时产生干扰,从而影响机器人正常作业。因此在设施农业大棚设计建设时,优先选择无线传感器,减少传感器线路;再通过合理布置水管和线路,将干扰农业智能生产机器人的因素降到最低。

在大棚的设计和布置中,必须考虑机器人的移动轨迹和作业路径。例如,在设置水管时,要确保其不会妨碍机器人的移动,避免交叉或者过低的水管影响机器人通行。同时,为了提高智能机器人的效率和准确性,在布置传感器时需要考虑其覆盖范围,避免出现盲区,确保机器人可以获取必要的数据进行作业决策。

除了传感器和水管外,大棚内部的电线布置也需要精心设计。要确保电线的安全性和稳定性,避免机器人作业时发生意外。此外,为了降低维护成本,减少机器人损坏风险,可以考虑使用耐用的且易于维护的材料和设备。

针对设施农业大棚的特点,还需要考虑温度、湿度等环境因素对智能农业生产机器人的影响。通过合理的温室通风和湿度控制系统,可以确保机器人在适宜的工作环境下进行作业,提高生产效率和作业质量。

在搭建智能农业生产机器人应用场景时,不仅要考虑设施内部的因素,还要考虑外部环境的影响。例如,大棚周围的自然条件、附近的建筑物等都可能对机器人的运行产生影响,需要在设计时充分考虑和应对。

总体而言,智能农业生产机器人的应用需要全方位考虑设施环境因素。通过合理的设计和布置,可以最大程度地提高机器人作业的效率和稳定性,进而促进农业生产的现代化和智能化发展。在这一过程中,工程师和设计师的密切合作至关重要,需要共同努力,确保智能农业生产机器人在设计的环境中能够高效、稳定地运行,为农业生产带来更多的便利和效益。